即学即用电工电子技术丛书

轻松学同步用
常用电子测量仪器使用

陈永甫　编著

電子工業出版社
Publishing House of Electronics Industry
北京 • BEIJING

内容简介

本书是一本介绍电子测量仪器使用的应用图书，主要包括电子测量、指针式万用表、数字式万用表、信号发生器、毫伏表、电子示波器、频率特性测试仪等，共计七章。

本书是实践性很强的应用图书，重点突出了实用技术和操作技巧。在编写安排上，按照由浅入深、循序渐进的认知规律，以通俗简洁的语言和图文结合的形式，简明扼要地阐明了必须掌握的核心内容及操作要点，突出实用性。为配合所学内容，每章末配有同步自测练习题，它涵盖了本章重点检测内容和各知识要点，理论联系实际，即学即用，并附各题答案，解题过程清晰、答案准确，便于读者自学。

本书编写以突出应用性为出发点，选材讲究，内容精练，图文结合，易学易懂，适合中学文化程度，现从事电工、电子应用、生产人员或转岗人员自学阅读，或作为高职院校、中专院校、职校技校的培训教材，也可供电工、电子、电气技师、技工、电子爱好者、家电维修人员学习与参考。

未经许可，不得以任何方式复制或抄袭本书之部分或全部内容。
版权所有，侵权必究。

图书在版编目（CIP）数据

轻松学同步用常用电子测量仪器使用 / 陈永甫编著 . —北京：电子工业出版社，2014.6
（即学即用电工电子技术丛书）

ISBN 978-7-121-23350-0

Ⅰ. ①轻… Ⅱ. ①陈… Ⅲ. ①电子测量设备 – 基本知识 Ⅳ. ①TM930. 2

中国版本图书馆 CIP 数据核字（2014）第 112709 号

策划编辑：柴　燕
责任编辑：毕军志
印　　刷：北京天宇星印刷厂
装　　订：北京天宇星印刷厂
出版发行：电子工业出版社
　　　　　北京市海淀区万寿路 173 信箱　邮编 100036
开　　本：787 × 1 092　1/16　印张：11.5　字数：294.4 千字
版　　次：2014 年 6 月第 1 版
印　　次：2014 年 6 月第 1 次印刷
印　　数：3 000 册　　定价：36.00 元

凡所购买电子工业出版社图书有缺损问题，请向购买书店调换。若书店售缺，请与本社发行部联系，联系及邮购电话：（010）88254888。

质量投诉请发邮件至 zlts@ phei. com. cn，盗版侵权举报请发邮件至 dbqq@ phei. com. cn。

服务热线：（010）88258888。

前　　言

随着科技的发展，尤其是电子技术的迅猛发展，人们身边的电子、电气产品越来越多。这些产品的大量生产和广泛应用离不开电子测量仪器的支撑，同时企业对各层次电子测量人才的需求日益彰显。《轻松学同步用常用电子测量仪器使用》一书就是在这种需求背景下编写的。

本书参照国家对高等职校、中专职业教学计划中的《电子测量教学大纲》和《电子测量技能和训练教学大纲》进行编写，具有以下特点。

（1）按照仪表的功能类型分章编写，每章内容主题鲜明，同一功能类型的仪表各选一个具有代表性的模拟式仪器和数字式仪器进行介绍、对比，并凸显其各自的应用特点。

（2）为使读者尽快建立基本测量概念和掌握测量的基础知识，对仪器原理的介绍，以仪器的电路结构框图进行定性分析为主，对具体电路尽量避免冗长的分析和烦琐的数学推导，突出了测量仪器的应用性能和操作技能。

（3）在电子测量仪器的选型上，尽量考虑具有典型性和性价比较高的通用仪表，对同类型的仪表能起到举一反三、触类旁通的作用。

（4）在编写上，按照由浅入深的认知规律，以简洁通俗的语言和图文结合的形式，简明扼要地阐明必须掌握的核心内容和操作要点。

（5）同步自测练习题及参考答案。每章末均配有同步自测练习题，它涵盖了本章的各主要知识点和应用要点，理论紧密联系实际，即学即用，章尾附各题答案，解题思路清晰，解题过程完整，答案精准，便于读者自学。

本书由陈永甫编著，参与编写的还有谭秀华，王文理，龙海南，张梦儒等。由于电工电子技术发展极为迅速，限于作者水平，书中难免存在不足之处，诚请专家和读者批评指正。

编著者

2014 年 4 月于紫园

关于书中相关栏目的说明

◆ **各章知识结构**：每章始页绘出了该章的知识结构图，它概括了该章的知识内容、重要定理、推理、公式和主要知识点。读者只需浏览片刻，就能迅速地了解该章的重要知识点，理清各知识点之间的脉络联系及体系结构。

◆ **要点**：位于每节的开始，点明该节的实质内容或结论，以便于读者了解所讲述的中心内容和精髓所在。

◆ **基本内容**：本节的主要部分，对“要点”点明的内容进行详细介绍或系统论证，突出基本概念和基本定律，语言通俗，易学易懂。

◆ **例题**：结合内容，列举典型例题，以有助于深入理解课程内容，消化所学知识，并从中学习解决问题的方法，提高分析问题的能力。

◆ **相关知识**：穿插于各章节之中，对与所讲内容相关的知识或连带的技术（信息）做扼要说明或介绍，加强知识间的链接，拓宽知识面。

◆ **应用知识**：穿插于各章节中，结合书中内容，联系实际，列举应用实例或典型现象，进行简短说明或分析，学用结合，提高读者的应用能力和动手制作能力。

◆ **图表的使用**：为了便于理解所讲内容，书中安插了大量配图，图形绘制精细，表达确切，图文结合，易学易懂；书中也配备了大量数据表格，资料来源确切、翔实，可直接用来进行电路计算或工程设计。

◆ **解题提示**：对有代表性的例题和较难的练习题，从分析其题意（或电路模型）、给定条件和求证（结果或结论）之间的关系入手，引导读者分析前因后果关系，理清解题思路，找出问题的症结所在，给出解决问题的方法。

◆ **题后分析**：有些习题可能有多解或思路不同的解法（或做法）。题后进行讨论、分析、比较，一者引导读者广开思路，找出最简解法（或做法），提升综合分析能力；二者通过归纳解题技巧和做题方法，提高读者解题的思维技巧，巩固所学，做到融会贯通，达到触类旁通的功效。

目　　录

第1章

电子测量

本章知识结构

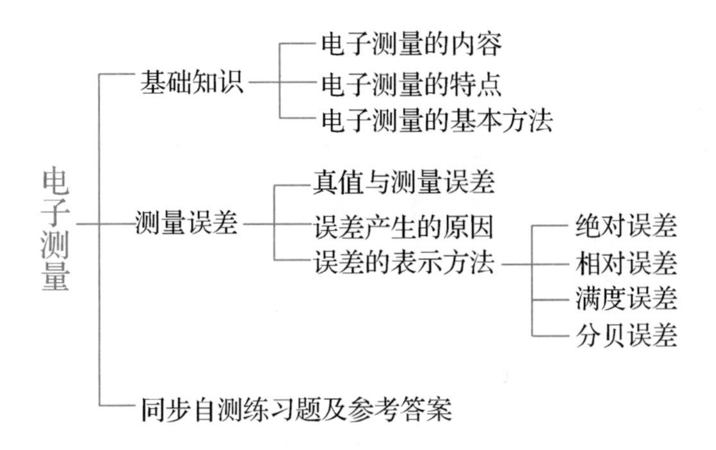

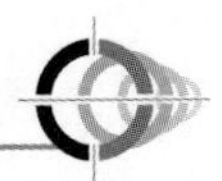

1.1 电子测量基础知识

要点

测量是以确定被测对象的量值进行定量的操作过程。

电子测量是以电子技术理论为依据，以电子测量仪器仪表为工具，对各种电量、电信号及电路（或网络）的传输特性进行测量。电子测量是测量领域的一个重要分支。本节主要介绍电子测量的基本知识、电子测量的内容、电子测量的基本方法等。

1.1.1 电子测量的内容

何谓电子测量

测量是以确定被测对象的量值为目的的操作过程。量值是指由数值和计量单位的乘积所表示的量的大小。电子测量是泛指以电子技术为基本测量手段的一种测量。电子测量的被测对象范围很广，小至基本粒子、物质结构，大到宇宙探测、航天测控。本书是为初涉电子仪器仪表使用的读者编写的，主要介绍以下几种测量。

测量内容

1. 电能量的测量

基本电能量的测量包括电压、电流和功率等的测量。

2. 电路元器件参数的测量

元器件参数的测量，包括电阻、电容、电感、半导体二极管、三极管、集成器件、品质因数等。

3. 电信号参数的测量

电信号参数包括信号波形、幅度、频率、相位、周期、失真度、调制度等。

4. 电路（或网络）性能的测量

电路（或网络）性能包括电路增益（网络衰减）、通频带、灵敏度、失真度等。

5. 特性曲线的测量或显示

特性曲线的测量包括时域测量和频域测量。时域测量是指测量被测量随时间的变化规律，例如，用示波器显示被测信号的瞬时波形、信号的幅度、信号宽度、上升沿和下降沿等参数；频域测量是指测量被测量随频率的变化规律，例如，用频谱分析仪来分析被测信号的频谱、测量放大器的幅频特性等。

1.1.2 电子测量的特点

电子测量特点

电子测量是以电子技术理论为依据，以电子测量仪器、仪表为手段，对各种电量、电信号、电路元器件或网络的特性和参数进行测量。与其他测量相比，电子测量有如下特点。

1. 测量量程范围大

量程宽

由于被测对象的量值大小相差大，电子测量仪器应具有足够大的量程范围，例如，一台高灵敏度大量程的数字式万用表，能准确测出 10nV ~ 10kV 的电压，量程达 12 个数量级（$1nV = 1 \times 10^{-9}V$，$1kV = 10^{3}V$）。

2. 测量精确度高

精确度高

电子测量仪器的测量精确度，在许多情况下比其他测量的精确度高。例如，对时间频率的测量，在采用原子频标和原子秒作为基准后，使时间的测量精确度达到 $10^{-13} \sim 10^{-14}$ 数量级。

3. 测量频率范围宽

频率宽

目前可供使用的信号发生器中，有超低频信号发生器，可低至 10^{-5}Hz 至直流，还有低频、高频、超高频信号发生器，直至高达 10^{6}MHz 的（即 10^{12}Hz）的信号发生器。在这样极宽的频率范围内，对于不同的频段，电子测量所依据的原理和测量技术、测量方法是不同的。

4. 测量速度快

速度快

电子测量可综合电子技术、自动化技术和计算机辅助技术，使测量手段、测量效果最优化，对测量数据实施高速处理，其测量速度远比其他测量方法速度快。

5. 易实现测量的自动化、智能化、遥控和遥测

通过多种传感器技术，采用有线或无线传输方式，可实现人体不便接触或难以到达的场合或领域（如高温炉、核反应堆、深海、航天、宇宙星空等），利用遥测、遥控及自动化技术和数据处理技术，实现自动记录、分析和数据处理，构成一个自动化测量系统。

基于电子测量的上述特点，这种测量技术得到了广泛的应用。但电子测量存在易受干扰及误差处理较复杂等缺点，电子测量技术水平还有待进一步的发展和完善。

1.1.3 电子测量的基本方法

由于被测对象的物性不同、状态各异，故电子测量的测量原理、测量方法及测量手段也呈多样性。

测量手段及测量方法

根据测量手段的不同，分为直接测量、间接测量、比较测量和代换测量等；根据测量性质的不同，分为时域测量、频域测量和数据测量；根据被测量在测量过程中是否变化，分为动态测量和静态测量；根据工作频率的不同，分为低频测量、高频测量和微波测量等。

1. 测量手段不同的测量方法

为了实现测量的准确性和有效性，正确选择测量方法是极其重要的。根据测量时所采取的测量手段，电子测量的方法可分为以下 4 种。

常用测量方法

1）直接测量法

顾名思义，直接测量法是一种直接得到被测量值的测量方法。凡是用预先按已知标准量标定好的测量仪器，对被测物直接进行测量并通过测量仪表盘的刻度或标尺直接得出测量结果。例如，用磁电式电压表测量电压，用功率表测功率，用转速表测量转速等。

直接测量法的优点：测量过程简单、快捷，在工程测量中被广泛采用。

2）间接测量法

间接测量法与直接测量法不同，它是利用直接测量的量与被测量之间已知的函数关系，得到被测量值的测量方法。例如，欲求得电路中已知其电阻值的电阻 R 上所消耗的功率 P，身边又无功率计，通过测出电阻 R 两端的电压降 U，根据功率关系式 $P=U^2/R$，便可求出功率 P。

间接测量法通常在被测物不便使用直接测量法，或缺乏直接测量的仪表，或嫌直接测量法的测量误差大的情况下采用。

3）比较测量法

比较测量法是一种在测量过程中，将被测量与标准量直接进行比较从而获得测量结果的方法。比较测量的特点是量具直接参与测量过程。例如，用直接单臂电桥采用比较式仪表就可用来精密测量 $1\sim10^6\Omega$ 的各种导体电阻的阻值。

比较测量法

根据被测量与标准量（标准量具之值）的比较方法不同，比较测量法又分差值法、零值法、替代法和重合法。

比较测量法的准确度高，但操作较烦琐，一般常用于精密测量和仪表检验。

组合测量法也称联立测量法

4）组合测量法

组合测量法是一种将直接测量和间接测量两者兼用的测量方法。在有些测量中，被测量与多个未知参数有关，可以通过改变测量条件，将各被测量参数以不同的组合形式出现，通过多次测量，然后根据被测量与未知参数之间的函数关系列出方程组，通过解联立方程而求出被测量参数的值。故这种组合测量法又称为联立测量法。

组合测量法的测量过程较冗长、复杂，但容易达到较高的准确度，使用计算机求解比较方便且省时，这种精密测量方法很适用于科学实验或特定测试。

应用举例

◉例 1.1　组合测量求解导体电阻的温度系数 α、β 和室温电阻 R_{20}。

解　为了测量导体电阻的温度系数，需利用电阻值与温度间的关系公式

$$R_t = R_{20} + \alpha\ (t-20)\ + \beta\ (t-20)^2 \tag{1-1}$$

式中，α、β 为电阻的温度系数；R_{20} 为电阻在室温（20℃）时电阻值；t 为测量时的温度。

为了测出 R_{20}、α、β，采用改变测试温度的方法。在 t_1、t_2、t_3 三种温度下，分别测出与之相对应的电阻值 R_{t_1}、R_{t_2} 和 R_{t_3}，将各测量值代入式（1-1），得到如下联立方程：

$$\left.\begin{aligned} R_{t_1} &= R_{20} + \alpha\ (t_1-20)\ + \beta\ (t_1-20)^2 \\ R_{t_2} &= R_{20} + \alpha\ (t_2-20)\ + \beta\ (t_2-20)^2 \\ R_{t_3} &= R_{20} + \alpha\ (t_3-20)\ + \beta\ (t_3-20)^2 \end{aligned}\right\} \tag{1-2}$$

解此联立方程，则可求得 R_{20}、α 和 β。

2. 测量方法的选择

如何选定测量方法

由于人们对物象的客观规律的认识存在局限性，或使用的测量工具不准确，或采用的测量手段、方法不合理，导致测量工作进展缓慢或测量结果不准确，达不到预期的测量目的。为了实现测量目的，正确地选择测量方法是极其重要的。在测量任务（目标）确定后，应根据被测物的特点（如大小、物性、稳定性能、动态特性、测量环境、测量空间、测量时限等）、测量所要求的准确度、测量周围环境及进行测试的测量仪器设备完善情况等进行考虑，选择正确的测量方法和合适的测量仪器。在综合考虑并确定初步方案后，应制订可行的测量实施计划，科学有序地进行测试，以达到测量的目的。

1.2　测量误差

要点➤

测量的目的就是获得被测量的真值。所谓真值，就是被

测对象的物理量本身所具有的真实数值。研究误差的目的，在于找出误差产生的根源、误差的性质和特点，合理制定测量方案，正确选择测量方法及测量仪器。测量误差的表示方法主要有四种：绝对误差、相对误差、满度误差和分贝误差。

1.2.1 真值与测量误差

1. 真值的概念

何谓真值

通过上面的讨论已明确：测量是确定被测对象量值为目的的操作过程。当某被测量在排除所有测量上的缺陷并被完善地确定时，通过严格地测量所得到的量值称为真值（truevalue）。一个被测量的真值，是被测物本身所具有的真实数值，它是一个理想的概念。

真值是客观存在的，但实际上是难以准确测量出来的。

2. 测量误差

在实际测量时，由于人们对被测量的客观物性的认识的局限性、测量器具不准确、测量手段不合理或不完善、测量环境或测量条件的变化、测量过程中的错误或人为差错等原因，都会导致所测量的量值与真值不同。被测量的量值与真值的差异称为测量误差（measurement error）。实际测量中，测量误差是很难避免的。我们在测量时，要做的是尽量将测量误差降至最小或限制在允许的范围内。

测量误差 ε 可表示为

测量误差定义

$$\varepsilon = M - T \tag{1-3}$$

式中，M 为实际测试值；T 为真值。

误差百分数 ε_0 表示为

$$\varepsilon_0 = \frac{\varepsilon}{T} \times 100\% \tag{1-4}$$

1.2.2 测量误差产生的原因

测量误差的产生是测量过程中各种因素综合作用的结果。误差主要来自以下六方面。

误差来源有六方面

1. 理论误差

理论误差是指由理论或经典公式计算出的数值与真值之间的差异。例如，一个平行板电容器理论电容量 c 为

$$c = \varepsilon \frac{s}{d} = \varepsilon_0 \varepsilon_r \frac{s}{d} \tag{1-5}$$

式中，ε 为电介质的介电常数，$\varepsilon = \varepsilon_0 \varepsilon_r$；$\varepsilon_0$ 为真空（空气）

中的介电常数；ε_r 为电介质的相对介电常数；s 为电容器的极板面积；d 为两极板的间距。

实际上，由于极板（不是无限大）的边缘效应，使平行板电容器的实际容量与理论容量存在误差。

理论误差的原因

导致理论误差的原因，有的是在测量时所依据的理论不严密或采用了不适当的简化，用近似公式或近似值计算测量结果时带来的误差。

2. 仪器误差

仪器误差是由于电子测量仪器本身性能不完善所引起的误差，例如，由于仪表刻度不准、调节机构不完善等造成的读数误差；由于仪器老化、环境改变等原因导致的稳定性误差；由于年久维护不良或不校准等计量不准造成的误差。

3. 方法误差

测量方法不合理

由于测量方法不合理所造成的误差，称为方法误差。例如，用低内阻的普通万用表去测量高内阻回路的电压，由于万用表内阻低而引起的误差。

4. 环境误差

环境误差也称为影响误差，它是由于周围的环境因素与测量仪表所要求的条件不一致所造成的误差。例如，温度、湿度、大气压强、电磁场变化等影响因素而引起的测量误差。

5. 人身误差（人为误差）

人为误差

由于测量者的分辨能力弱，或久坐久测带来的视神经疲劳、反应速度慢，或坐姿歪斜、斜视，或思想不专注、不良习惯招致的读错、计错等而引起的误差称为人身误差，又称人为误差。

6. 使用误差（操作误差）

操作误差

使用误差是由于测量者对测量仪器操作不当而造成的误差，故又称为操作误差。例如，仪器说明书要求测量前应进行预热而未预热；仪器使用前对仪表盘应进行校准而未校准；用示波器测量信号幅度前应进行幅度校准而未校准；有些仪表使用时要求水平放置而垂直放置等。

以上从六方面讨论了测量误差的来源，也说明测量误差是客观存在的，在一定条件下测量误差是不可避免的。我们寻找误差来源的目的，在于通过各种途径和方法减小误差，使测量值尽可能地接近被测物的真值。

1.2.3　测量误差的表示方法

测量误差常见的表示方法有三种，即绝对误差、相对误差和引用误差。

常用的测量误差有三种

1. 绝对误差

1）绝对误差定义

绝对误差是指被测量的测量值 x 与其真值 A_0 的差值，即

$$\Delta x = x - A_0 \tag{1-6}$$

Δx 的定义

式中，Δx 为绝对误差；x 是测量所得到的量值。

前面已经提到，真值 A_0 是很难得到的，通常用实际值 A 来代替 A_0，即

$$\Delta x = x - A \tag{1-7}$$

用 A 代替 A_0

在实际测量中，常把高一等级的计量标准仪所复现的量值作为约定真值。

例如，用普通电压表测得某电路上的电压为10V，而用准确度高一挡的电压表测该电压为9.8V，那么被测电压的绝对误差为

举例说明

如何提高测量准确度

$$\begin{aligned}\Delta x &= x - A = 10 - 9.8 \\ &= 0.2\ (\text{V})\end{aligned}$$

上面的例子说明，普通仪表测得的值存在一定偏差，可通过准确度更高的仪表进行校验修正。通常通过加修正值的办法来提高测量的准确度，这里只须在普通仪表测得的10V上进行 -0.2V 的修正，得到的9.8V就是较准确的值，本例的修正值为 -0.2V。

2）修正值

修正值通常用符号 C 表示，它正好与绝对误差大小相等但符号相反，即

$$C = -\Delta x \tag{1-8}$$

一般仪表的测量准确度，通常要用准确度较高的仪表来检验修正，或通过计量检定，由上一级标准给出其修正值。

利用修正值 C 和测得的量值 x，便可得到被测量的实际值 A 为

$$A = x + C \tag{1-9}$$

上面用普通电压表测出的 $x = 10\text{V}$ 电压，经修正后的被测电流的实际值 A 为

举例说明

$$A = x + C = 10\text{V} + (-0.2\text{V}) = 9.8\text{V}$$

可见通过加修正值的办法，能提高测量的准确度。

2. 相对误差

上面介绍的绝对误差，虽然有计量单位，但还不能用它来说明测量的准确程度。为了更确切地反映出测量质量，应使用相对误差来表示。

相对误差定义

相对误差能反映测量的准确程度，是指测量的绝对误差与被测量的约定值之比，常用百分数表示。约定值可以是实际值、示值或仪表的满量程值 x_m。

1）实际相对误差 r_A

实际相对误差 r_A 是指绝对误差 Δx 与被测量的实际值 A 的百分比，即

$$r_A = \frac{\Delta x}{A} \times 100\% \tag{1-10}$$

在前面用电压表测电压的例子中，$\Delta x = 0.2V$，$A = 9.8V$，则实际相对误差

$$r_A = \frac{0.2}{9.8} \times 100\% = 2.04\%$$

2）示值相对误差 r_x

示值是指被测量的测得值，它包括测得值、标准值、计算的近似值等。

示值相对误差定义：绝对误差 Δx 与被测量的示值 x 的百分比，即

示值相对误差定义

$$r_x = \frac{\Delta x}{x} \times 100\% \tag{1-11}$$

在上面的例子中，$\Delta x = 0.2V$，$x = 10V$，则示值相对误差为

$$r_x = \frac{0.2}{10} \times 100\% = 2.0\%$$

3. 满度相对误差（引用误差）r_m

满度相对误差也称为引用误差或满度误差，是指测量仪表量程内的最大绝对误差 Δx_m 与满量程值 x_m 的百分比值，即

满度误差定义

$$r_m = \frac{\Delta x_m}{x_m} \times 100\% \tag{1-12}$$

满度误差一般用于刻度连续的仪表，特别适用于电工仪表。

设仪表准确等级为 S，根据准确度表达式，仪表在参比条件（标准条件）下测量时，测量时可能出现的最大绝对

误差为

$$\Delta x_m = \pm k\% \cdot x_m \qquad (1\text{-}13)$$

式中，$\pm k\%$ 为仪表等级 S 对应的基本误差；x_m 为仪表的上限值。

最大绝对误差

那么，用该仪表对某一被测量 x 进行测量时，可能出现的最大相对误差为

最大相对误差

$$r_m = \frac{\Delta x_m}{x} = \pm k\% \cdot \frac{x_m}{x} \qquad (1\text{-}14)$$

式（1-14）表明，当仪表准确度给定时，被测量 x 越小，测量结果的相对误差就越大。因此，在选择仪表的量程时，应使示值（指针指示值）应尽量靠近满度值，一般应使示值指示在仪表满刻度值的2/3以上的区段。

应用知识

国内电工仪表的准确度分级

我国电工仪表准确度的等级标准分为七个级别：0.1，0.2，0.5，1.0，1.5，2.5，5.0。这些准确度是按照满度相对误差来划分的，准确度等级常用 S 表示。例如，$S=0.5$ 级的电表，就表明其满度相对误差 $r_m \leq \pm 0.5\%$，便在其仪表盘上标上0.5级的标志。各级仪表允许的基本误差如表1-1所示。

电工仪表的准确度分级

表1-1　各级仪表允许的基本误差

仪表的准确度等级 S	0.1	0.2	0.5	1.0	1.5	2.5	5.0
允许的基本误差（$\pm k\%$）	±0.1	±0.2	±0.5	±1.0	±1.5	±2.5	±5.0

应用举例

◉**例1.2**　一块标示为 $S=1.5$ 级的电压表，其满度值为100mA。若用100mA的量程来测量电路中三个大小不同的电流，其测量值分别为 $x_1=100\text{mA}$，$x_2=60\text{mA}$，$x_3=20\text{mA}$。试求三种不同电流情况下的绝对误差和示值相对误差。

解　由式（1-12）求出满量程的绝对误差

$$\Delta x_m = r_m \times x_m = \pm 1.5\% \times 100 = \pm 1.5\text{mA}$$

三种电流示值情况下的示值相对误差分别为

$$r_{x_1} = \frac{\Delta x_m}{x_1} \times 100\% = \pm 1.5/100 \times 100\% \ \pm 1.5\%$$

$$r_{x_2} = \frac{\Delta x_m}{x_2} \times 100\% = \pm 1.5/60 \times 100\% = \pm 2.5\%$$

$$r_{x_3} = \frac{\Delta x_m}{x_3} \times 100\% = \pm 1.5/20 \times 100\% = \pm 7.5\%$$

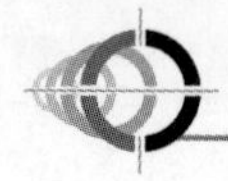

【题后分析】

（1）该例题计算表明，用同一量程测量出的大小不同的电流值时，测得的示值越小，则示值相对误差越大。

（2）这说明：仪表盘标示的准确度不是测量结果的准确度，只有在示值与满度值相同时，两者才相等，才准确。

如何减小示值误差

（3）提示仪表使用者：为了减小测量中的示值误差，在进行量程选择时，应尽量使测出的示值接近满度值，建议其示值最好选在满度值的2/3以上的区段。

4. 分贝误差

1）“电平”的概念

何谓电平

在电信网络和无线电工程中，在比较网络或电路中前后两个电量的相对大小时，常常使用“电平”一词，并以“分贝”（dB）作为度量单位。

在图1-1所示的放大器和传输网络框图中，P_i、u_i 和 P_o、u_o 分别表示输入和输出的信号功率及电压。它们的功率放大倍数和电压放大倍数常用 $A_P = P_o/P_i$ 和 $A_u = U_o/U_i$ 来表示。

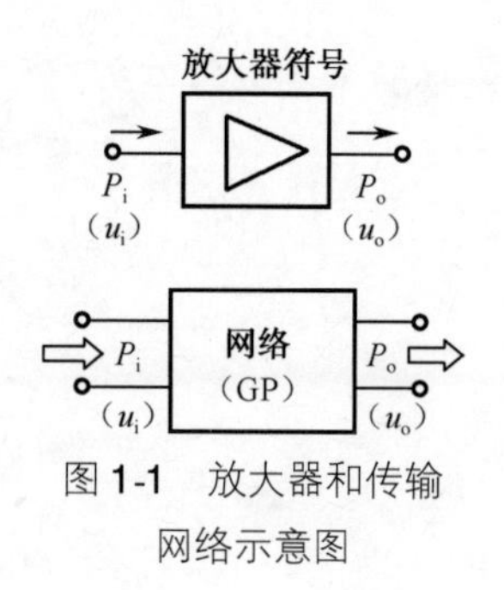

图1-1　放大器和传输网络示意图

$$\text{功率放大倍数}\quad A_P = P_o/P_i$$

$$\text{电压放大倍数}\quad A_u = U_o/U_i \qquad (1\text{-}15)$$

$$\text{电流放大倍数}\quad A_i = I_o/I_i$$

在电信工程中，通常用“电平”来表示电量（电功率或电压）相对大小的量。将 P_o/P_i 取以10为底的常用对数，则电平的单位为贝尔（Bell是以电话发明家贝尔命名的）即

贝尔定义

$$[P] = \lg\frac{P_o}{P_i}\ (\text{Bel 或 B}) \qquad (1\text{-}16)$$

2）分贝（dB）的命名

式（1-16）中的Bell（贝尔）单位太大，例如，功率比 $P_o/P_i = 1000$，其电平 $[P] = 3\text{Bell}$，在放大器（一般为弱信号电路）和通信网络中使用很不方便，因此常以它的十分之一作为单位，并命名为分贝（dB，英文deciBell的缩写），即

工程上常用dB

$$[P] = 10\lg\frac{P_o}{P_i}\ (\text{dB}) \qquad (1\text{-}17)$$

式中，当 $P_o/P_i > 1$ 时，增益（G）为正值；当 $P_o/P_i < 1$ 时，增益为负值，表示损耗或衰减。

3）分贝误差

在电子电路放大器或电信网络的测量中，经常遇到用分贝（dB）数表示相对误差。分贝误差实际上是相对误差的另一种表示形式。

关系式（1-16）是用对数表示的功率分贝增益值。同样可用电压增益或电流增益来表示。当放大器或电信网络的输入、输出阻抗相同，即皆为 R 时，利用 $P=U^2/R$ 或 $P=I^2R$ 关系式，则可导出电压增益式和电流增益式：

用分贝误差表示相对误差

$$G_u=10\lg\frac{P_o}{P_i}=10\lg\frac{U_o^2/R}{U_i^2/R}=20\lg\frac{U_o}{U_i}\ (\text{dB}) \qquad (1\text{-}18)$$

$$G_i=10\lg\frac{I_o^2R}{I_i^2R}=20\lg\left(\frac{I_o}{I_i}\right)\ (\text{dB}) \qquad (1\text{-}19)$$

下面我们用分贝（dB）表示电压测量示值的相对误差。

假设 A 为电压增益的实际值，根据关系式（1-7），有

$$A_u=A+\Delta x=A+\Delta A \qquad (1\text{-}20)$$

对 A_u 取对数，即取对数表示电压的相对误差

$$\begin{aligned}G_u=20\lg A_u&=20\lg(A+\Delta A)=20\lg\left[A\left(1+\frac{\Delta A}{A}\right)\right]\\&=20\lg A+20\lg\left(1+\frac{\Delta A}{A}\right)\\&=G+20\lg\left(1+\frac{\Delta A}{A}\right)\end{aligned} \qquad (1\text{-}21)$$

式中，G 是电压增益的分贝实际值；用 r_x 表示分贝误差；则

用 dB 表示相对误差

$$r_{xu}=G_u-G=20\lg\left(1+\frac{\Delta A}{A}\right)\ (\text{dB}) \qquad (1\text{-}22)$$

显然式（1-22）的 r_{xu} 与电压增益的相对误差有关，令 $\frac{\Delta A}{A}=r_x$，则

对于电压： $r_{xu}=20\lg(1+r_x)\ (\text{dB})$ （1-23）

对于电流： $r_{xi}=20\lg(1+r_x)\ (\text{dB})$ （1-24）

对于功率： $r_{xP}=10\lg(1+r_x)\ (\text{dB})$ （1-25）

应用举例

◉**例 1.3** 一个三级视频放大器在外加输入电压 $U_i=2\text{mV}$ 时，测得的输出电压 $U_o=2\text{V}$，若输出电压的测量误差 $\Delta x=\pm2\%$，试求该放大器的电压放大倍数的绝对误差 ΔA、相对误差 r_x 及分贝误差 r_{xu}（dB）。

解 三级视频放大器的电压放大倍数 A_u

$$A_u=\frac{U_o}{U_i}=\frac{2\times10^3}{2}=1000\ (\text{倍})$$

换算成分贝增益，由式（1-18）

$$G_u = 20\lg\frac{U_o}{U_i} = 20\lg 1000 = 60\ (\text{dB})$$

输出电压的绝对误差 ΔU_o

$$\Delta U_o = U_o \times \Delta x\% = 1000 \times 2\% = \pm 20\ (\text{mV})$$

电压增益的绝对误差 ΔA

$$\Delta A = \frac{\Delta U_o}{U_i} = \frac{\pm 20}{2} = \pm 10$$

电压增益的相对误差

$$r_x = \frac{\Delta A}{A_u} \times 100\% = \frac{\pm 10}{1000} \times 100\% = \pm 1\%$$

电压增益的分贝误差

$$r_{xu} = 20\lg(1 + r_x) = 20\lg(1 \pm 0.01) = \pm 0.09\ (\text{dB})$$

同步自测练习题

1. 什么叫测量？什么是电子测量？
2. 电子测量的主要内容是什么？
3. 电子测量与其他测量相比有哪些特点？
4. 按照测量手段的不同，电子测量的基本方法有哪几种？
5. 测量误差产生的原因主要有哪些？
6. 什么是绝对误差？它能否说明测量的质量（准确度）？
7. 什么是相对误差？按其约定值的不同，相对误差有几种表示方法？
8. 什么是分贝误差？主要用于什么场合？
9. 一块量程为0~50V、准确度等级 $S=1.0$ 级的电压表，试计算该表测量电压时的最大绝对误差。
10. 一个输出电压为12V的稳压电源需要进行测量，手头有两块电压表可供选择，一块为 $S=1.5$ 级、量程为100V；另一块为 $S=2.5$ 级、量程为15V。问选用哪一块表使测量更准确？
11. 一个准确度等级 $S=1.5$ 级，满量程为10mA的电流表，在0~10mA范围内测量表明，在5mA处的绝对误差最大且为0.13mA，其余处均小于0.13mA，试问该表合格否？
12. 用准确度等级 $S=0.5$ 级、量限为0~300V的电压表和 $S=1.0$ 级、量限为0~100V的电压表分别测量，问选用哪块表测量更准确？
13. 一个多级放大器的电压增益的真值（或实际值）$A_u=80$ 倍，现测量得到的电压增益 $x=75$ 倍，求其绝对误差 Δx、相对误差 r_x 和分贝误差各是多少？

同步自测练习题参考答案

1～8 问答题，请见书中相关内容。

9. 【解题提示】 题中的电压表为 0～50V、$S=1.0$ 级，由表 1-1 可见，准确度等级 $S=1$ 对应基本误差 $\pm k\% = \pm 1.0$。在题中没有指出哪处的绝对误差最大的情况下，可认为在 50V 量程内不同示值处的绝对误差处处相等，下面可计算满度时的绝对误差。

解 本题中电压表的量程上限值 $x_m=50V$，由式（1-13）可得

$$\Delta x_m = r_m \cdot x_m = \pm k\% \cdot x_m = \pm 1.0\% \times 50 = \pm 0.5 \text{ (V)}$$

答 该电压表测电压时的最大绝对误差为 ±0.5V。

10. 解 对于量程为 100V、$S=1.5$ 级的电压表，可能产生的最大绝对误差

$$\Delta x_{m1} = r_m \cdot x_m = \pm 1.5\% \times 100 = \pm 1.5 \text{ (V)}$$

对于量程为 15V、$S=2.5$ 级的电压表，可能产生的最大绝对误差

$$\Delta x_{m2} = r_m \cdot x_m = \pm 2.5\% \times 15 = \pm 0.375 \text{ (V)}$$

计算结果表明，用 $S=1.5$ 级、100V 量程的电压表测量示值为 12V 的电压时，其误差范围为（12±1.5）V，而用 $S=2.5$ 级、15V 的电压表测量 12V 电压时，其误差范围为（12±0.375）V。两者相比较，用 2.5 级 15V 的电压表，其测量误差范围大大减小了。

【题后分析】 本题计算表明：准确度 S 低的，测得的误差范围反而小。因此，在测量时对仪表级别的选用要"因地制宜"，应根据被测示值的大小、仪表的准确度级别及满量程情况，选用适宜的仪表。

11. 解 根据满度相对误差关系式（1-12），可计算该电流表的满度误差

$$r_m = \frac{\Delta x}{x_m} \times 100\% = \frac{0.13}{10} \times 100\% = 1.3\%$$

该测量电流表为 $S=1.5$ 级，其允许的基本误差为 $\pm k\% = \pm 1.5\%$，故有 $r_m = 1.3\% < 1.5\%$，说明该仪表进行测量是合格的。

12. 解 用准确度等级 $S=0.5$ 级、量限为 0～300V 的电压表测量时，可能出现的最大相对误差，可由式（1-14）进行计算，即

$$r_{m1} = \pm k\% \cdot \frac{x_m}{x} = \pm 0.5\% \times \frac{300}{100} = \pm 1.5\%$$

用准确度等级 $S=1.0$ 级、量限为 0～100V 电压表测量时，可能出现的最大相对误差为

$$r_{m2} = \pm k\% \cdot \frac{x_m}{x} = \pm 1\% \times \frac{100}{100} = 1.0\%$$

计算结果表明，用 $S=1.0$ 级、量限为 100V 的仪表测量，比用高一挡准确度的 $S=0.5$ 级、量限为 300V 的仪表的测量更准确。原因是仪表的量限选择很有讲究，应选用与被测数值相近量限的仪表，才能测量更准确。

13. 解 （1）求绝对误差。由关系式（1-7）可求放大器增益的绝对误差

$$\Delta x = x - A = 75 - 80 = -5$$

（2）求示值相对误差。由式（1-10）求出示值相对误差

$$r_x = \frac{\Delta x}{A} \times 100\% = \frac{-5}{80} \times 100\% = -6.3\%$$

（3）求放大增益的分贝误差

$$r_{xu} = 20\lg(1 + r_x) = 20\lg(1 - 0.063) = -0.56\ (\text{dB})$$

第 2 章

指针式万用表

本章知识结构

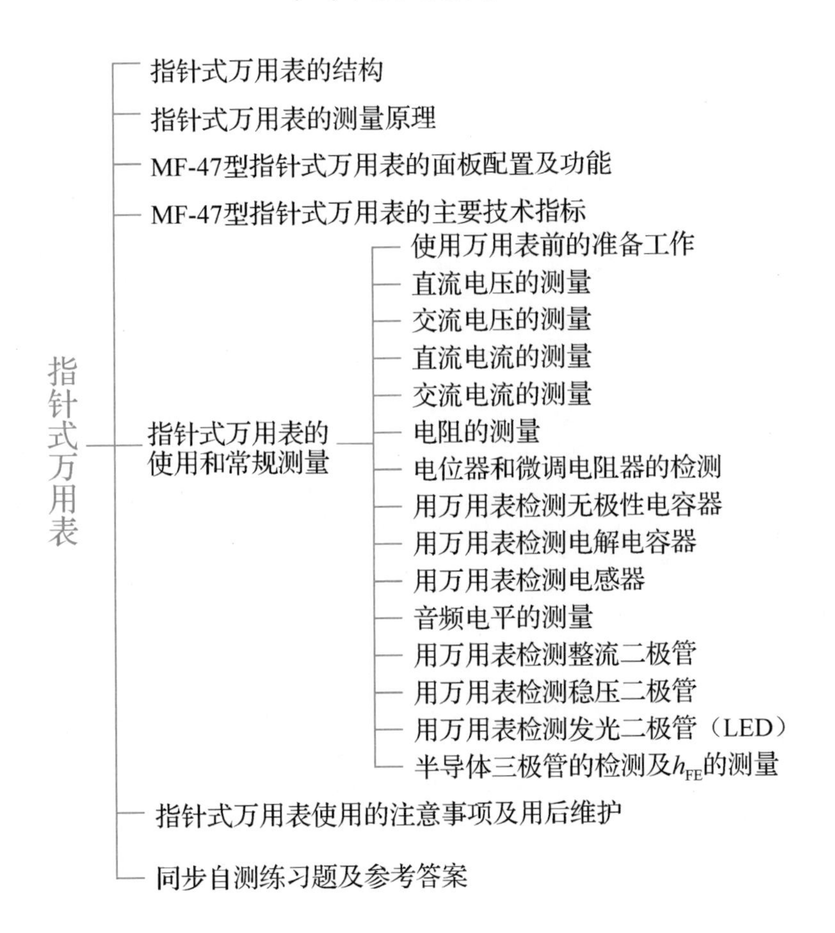

2.1　万用表概述

万用表是万用电表的简称，在国家标准中又称为复用表。万用表的特点是量程多、功能多、用途广、操作简单、价格低及携带方便等，因而是目前最常用、最普及的工具类测量仪表。

万用表一般都能测直流电流、直流电压、交流电压、电阻等。中高档的万用表还可以测量交流电流、电容、电感及晶体管的 h_{FE} 等参数。由于万用表集电压表、电流表和欧姆表于一体，具有操作简便、携带方便、用途多等优点，成为电气技术人员、维修人员、电子爱好者必备的仪表。

万用表的两种类型

万用表有两种类型，即指针式万用表和数字式万用表。

指针式万用表已有一百多年的历史，它具有结构简单、读数方便、价格低廉、可靠性高等优点。它能借助于指针和刻度盘进行读数，能观测被测量的连续变化过程和变化趋势，属于模拟指示型电测量仪表，指针式万用表至今仍被广泛应用。

数字式万用表则是近30年才发展起来的新型数字仪表，它是先把被测出的电压的模拟电参量由模数(A/D)变换器转变成数字量，然后用数码管以十进制数字显示出来。它实际上是一种用A/D变换器作为电量变换和量测机构，用数字显示器显示测量结果的仪表。数字式万用表具有体积小、重量轻、显示直观、准确度高、测量功能完善等特点。

两种万用表各具特点

指针式万用表和数字式万用表各具特色，被不同阶层的人们广泛使用。

2.2　指针式万用表的结构及测量原理

要点

指针式万用表是一种磁电系整流式便携仪表，其特点是借助于指针和刻度盘进行读数，可测量交流电压、直流电压、直流电流、电阻及音频电平等，具有结构简单、操作方便、价格低廉等优点，是一种最常用的电工仪表。在结构上它主要由测量机构（也称表头）、测量线路和转换开关等组成。

早期称作三用表

指针式万用表已有一百多年的发展历史。在问世初期，

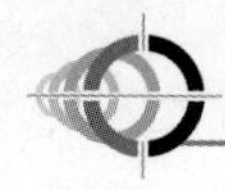

它以测量电流、电压、电阻三大参量为主测对象，因此也称为三用表。经过几十年的扩展和改进、发展成为一种能进行多种电量测量的多量程复用电测仪表，在国家标准中称为复用表。

指针式万用表的优点

指针式万用表的特点是借助于指针和刻度盘进行读数，能观测被测电量的连续变化过程和变化趋势，结构简单、操作方便、价格低廉，被人们广泛使用。

指针式万用表的型号很多、外形各异，但其基本结构、测量原理和使用方法大体类同。下面以国产 MF－47 型指针式万用表为例进行介绍。图 2-1 是 MF－47 型指针式万用表的面板图。

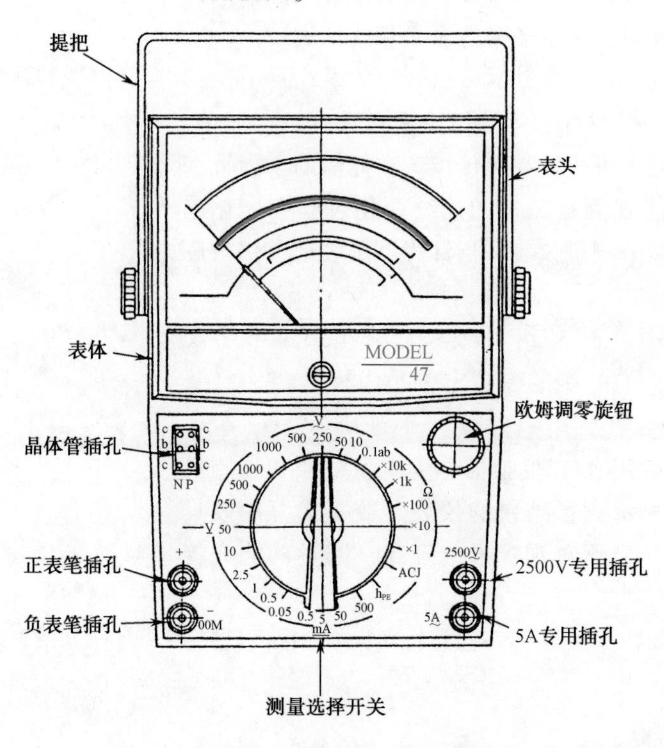

图 2-1　MF－47 型指针式万用表的面板图

2.2.1　MF－47 型指针式万用表的组成、结构

以 MF－47 型指针式万用表作为典型介绍

指针式万用表由磁电式电流表、表盘、表笔、转换开关、调节旋钮、插孔、电阻、整流器和表箱等构成。万用表的式样、结构虽然繁多，但主要由三部分组成，即测量机构（又称表头）、测量线路和转换开关。

下面以使用较广、性价比较好的 MF－47 型指针式万用

表为例进行介绍。MF－47 中的 M 指仪表，F 为复用式，MF 即万用表的标志，47 为产品设计批号。

1. 表头

表头是万用表的关键部件，通常采用高灵敏度的磁电式直流微安表，表头刻度盘上刻有多种电量和多种量程的刻度，其满刻度偏转电流从几微安到几百微安。

表头为磁电式直流微安表

灵敏度是万用表的重要指标，它反映该表对电流反应的灵敏程度，通常用满刻度偏转电流来衡量，其灵敏度 S 为

$$S=\frac{1}{A_o}\ (\Omega/V) \tag{2-1}$$

灵敏度定义

式中，A_o 为满偏电流值，单位为 μA（微安）

例如，一万用表的表头满偏电流 $A_o=46.6\mu A$，则其灵敏度为

$$S=\frac{1}{A_o}=\frac{1}{46.6\times10^{-6}}=2.15\times10^4\ (\Omega/V)$$

式（2-1）说明：表头的偏转电流越小，其灵敏度就越高，测量电压时内阻也就越大，表头的特性越好。

满偏电流越小其灵敏度越高

除灵敏度指标外，还有准确度等级、阻尼、升降差等，也大都取决于表头的性能。

2. 测量线路

测量线路是万用表用来实现多种电量、多种量程测量的主要手段。万用表由多量程直流电流表、多量程直流电压表、多量程整流式交流电压表和多量程欧姆表等几种线路组合而成。测量线路主要由各种类型不同规格的电阻元件组成，还有整流二极管或桥式整流器等。依靠这些元器件就可组成多量程交直流电流表、多量程交/直流电压表及多量程欧姆表等，从而可实现对不同对象、多种功能与不同量限的测量，达到一表多用的目的。

3. 转换开关

转换开关又称作选择式量程开关，是一种旋转式切换装置。万用表中的各种测量及其量程的选择是通过它的转换来完成的。转换开关由许多固定触点和活动触点组成，用于闭合与断开测量回路。活动触点通常称为“刀”，静触点称之为“掷”，因而机械式转换开关又称为刀掷转换开关。当转动它的旋钮时，其上的“刀”跟随转动，并在不同挡位上和相应的固定触点接触闭合，将对应的待测线路接通。图 2-2是 MF－47 型指针式万用表的挡位选择开关平面图。

量程开关

典型的多量程选择开关

由图2-2可见，这是一个多种电量的多种量程的选择开关。它包括直流电流（$\underline{mA}$）挡、直流电压（$\underline{V}$）挡、交流电流（$\underset{\sim}{V}$）挡、欧姆（Ω）挡和测三极管放大倍数（h_{FE}）挡。每个测量项目又划分为几个不同的量程以供选用。

4. 刻度盘

图2-3所示为MF－47型指针式万用表的刻度盘，它上面标有七条刻度线。下面我们从上往下对这些线分别予以说明。

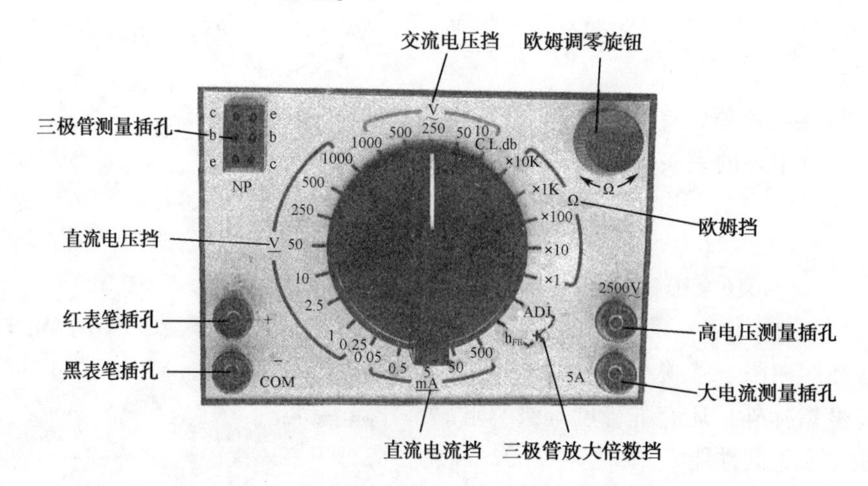

图2-2　MF－47型指针式万用表的挡位选择开关

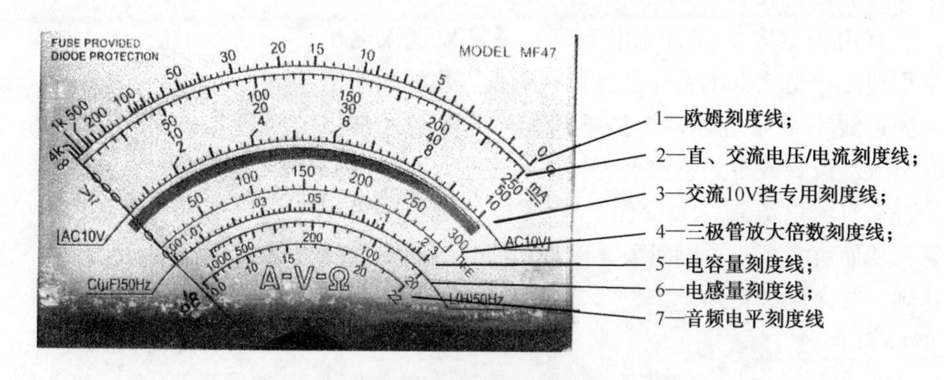

图2-3　MF－47型指针式万用表的刻度盘

第一条线为欧姆刻度线。在该线右侧顶端标有“Ω”，专供测电阻用，单位为“Ω”，右端为0，左端为无穷大（∞）。该刻度线在供R×1挡测量时，应直接读；当用R×10挡测量时，实际阻值应为直读数×10，其他挡以此类推。

第二条线为电流（mA）、电压（$\underset{\sim}{V}$）刻度线。左端标有“≃”，右端标有“$\underline{mA}$”。该刻度线供测直流电流和交、直

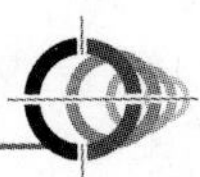

流电压读数用。刻度线分三层：上层为 0～250，中间为 0～50，下层为 0～10，可供 250、50、10 挡测电流、电压时直读。使用其他量程时，实际值应为相应层的直读数 × 该层倍数。

第三条线为交流 10V 挡专用刻度线。在其左端标有“AC 10V”字样，在挡位开关置于交流 10V 挡测量时查看此刻度线。

第四条线是测半导体三极管直流放大系数 h_{FE} 的刻度线。该刻度线供测量 PNP 型和 NPN 型三极管放大系数时直读其值。

第五条线是标有“C（μF）”字样的测电容量的刻度线。该刻度线供测量电容容量时直读。

第六条线是电感量 L 刻度线。有的万用表在该线的右端标有 L（H）字样，在测量电感的电感量时在这条线上读值。

第七条线是电平刻度线。在该线的左端标有 dB（分贝）字样，该刻度线供测量交变信号电平用。有关分贝（dB）的概念请参见本书 1.2.3 节中有关“电平”的概念和分贝（dB）的命名。

刻度盘上装有反光镜，用来帮助读取数据，使读数更准确。

5. 机械调零旋钮

机械调零旋钮位于标度盘下部正中位置，其作用是在万用表测量前，将表针调到刻度盘电压刻度线（第二条刻度线）的“0”刻度处。

6. 欧姆调零旋钮

欧姆调零旋钮位于挡位选择开关的右上侧，其作用是在使用欧姆挡测量电阻时，将万用表表针调到欧姆刻度线的“0”刻度上。

7. 表笔插孔

（1）在万用表的左下角标有“＋”字样的插孔，为红表笔插孔；标有“－COM”字样的，为黑表笔插孔。

（2）高电压测量插孔。在插孔上沿处标有“2500V”字样，它提示读者：在测量大于 1000V 而小于 2500V 的电压时，需将红表笔插入该孔。

（3）大电流测量插孔。在该插孔的左侧标有“5A”的字样，它提示读者：欲测试大于 500mA 而小于 5A 的电流时，应将红表笔插入此插孔。

8. 三极管测量插孔

三极管测量插孔位于挡位选择开关左上侧，在该插孔的下面，左侧标有“N”字样的三个小孔，是用来测试 NPN 型三极管的；右侧标有“P”字样的三个小孔，是用来测试 PNP 型三极管的。

2.2.2　指针式万用表的测量原理

1. 指针式万用表测量方框图和电量转换

指针式万用表是一种磁电系整流式仪表，利用一个多层转换开关和供测量电流的电流表头来实现功能的转换和量程的选择。它的测量线路有直流电流、直流电压、交流电压和电阻测量线路，图 2-4 是指针式万用表的基本测量方框图。

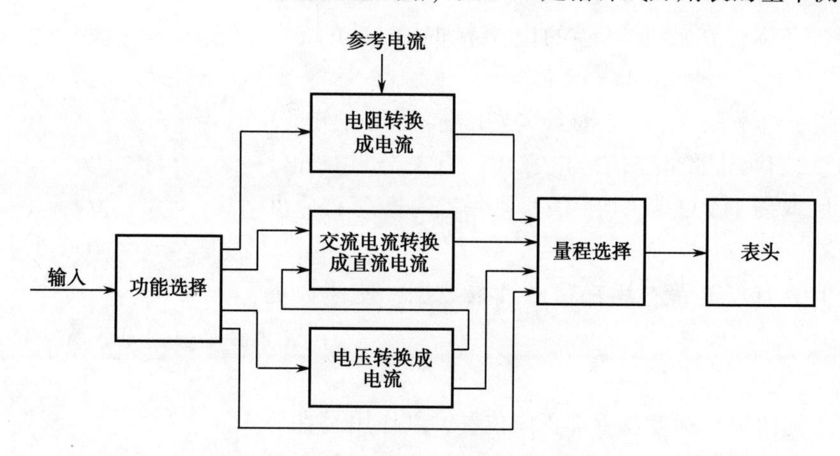

图 2-4　指针式万用表的基本测量方框图

指针式万用表功能框图

2. 电量交换的基本准则

万用表利用一个多层的转换开关和一个磁电式表头（微安表）来实现多个电量的测量。由图 2-4 所示的框图可见，测量不同的电量时，必须遵循如下变换准则。

电量变换准则

（1）测量直流电压时，应先将电压变换为电流；

（2）测量电阻时，也应将测得的电阻值变换为电流；

（3）交流电流应经整流回路变换成直流电流；

（4）交流电压要先转换为交流电流，而后再变换成直流电流。

总之，不管测量什么电量，通过指针式万用表表头的必须是大小合适的直流电流！

2.2.3 MF－47型指针式万用表的技术指标

指针式万用表的种类多，其型号更多，但其基本电路结构和功能大体雷同。下面仅以MF－47型指针式万用表为例，说明其技术特性及其功能。

MF－47型指针式万用表是一种磁电系整流式、便携式仪表，具有26个基本量程和测音频电平、电感、电容等7个附加参考量程，其主要技术指标如表2-1所示。

MF－47型指针式万用表为磁电系整流式仪表

MF－47型指针式万用表面世较早，后期上市的MF－47B、MF－47C和MF－47F等型号的指针式万用表在MF－47型基础上增加了负载电压（稳压）、负载电流等参数的测试功能及红外遥控数据检测、通路蜂鸣等提示功能。

MF－47型指针式万用表技术指标

表2-1 MF－47型指针式万用表技术指标

测量项目	量 程 范 围	灵敏度及电压降	准确度	误差表示方法
直流电流	0～0.05mA～0.5mA～5mA～50mA～500mA～5A	0.3V	2.5	以量程的百分数计算
直流电压	0～0.25V～1V～2.5V～10V～50V～250V～500V～1000V～2500V	20kΩ/V	2.5	以量程的百分数计算
交流电压	0～10V～50V～250V～500V～1000V～2500V	40kΩ/V	5	以量程的百分数计算
直流电阻	R×1 R×10 R×100 R×1k R×10k	R×1中心刻度为16.5Ω	2.5	以标度尺弧长的百分数计算
			10	以指标值的百分数计算
音频电平	－10～＋22dB	0dB相当于1mV输入阻抗为600Ω		
晶体三极管直流放大倍数 h_{FE}	0～300			
电感	20～1000mH			
电容	0.001～0.3μF			

注：要求在环境温度为0～＋40℃，相对湿度不大于85%的情况下使用。

2.3 指针式万用表的使用

虽然指针式万用表的种类、型号很多，但其基本结构和功能大体类同。下面以 MF－47 型指针式万用表为例进行介绍。

2.3.1 使用万用表前的准备工作

（1）使用前，宜先进行外观检查，看仪表有无破损，指针应摆动自如，转换开关应转动灵活，附件（表笔线）是否完备。

两种电池

（2）检查并安装电池。MF－47 型指针式万用表应配装两种电池：一节 1.5V 电池，一个 9V 叠层电池，装在表底部的电池盒内。检查或安装时，将电池盖取下即可见电池插座。安装时，应与电池座内标注的“＋”、“－”极性一致。

测电流或电压无须外动力驱动

测电阻时应接通外电池测电流（电压），不接外动力

需要说明的是，在用指针式万用表测电流或电压时，是利用电流或电压信号本身去驱动电路和磁电式表头，无须外部动力驱动，此时的电池处于断开状态。但测量电阻时，由于电阻本身不会提供电流，而要由外部电池提供能量作为动力才能进行测量。

（3）配好表笔线。万用表有红、黑两根表笔线，红表笔应插进标有“＋”号的插孔；黑表笔插入标有“－”的插孔。

（4）机械调零。

① 将万用表水平放置。

② 检查万用表指针是否停在电压（电流）刻度线表盘左端“0”位上。如果不在“0”位，用小螺丝刀轻轻转动表头上的机械调零旋钮，让表针指在“0”刻度线上。机械调零示意图如图 2-5 所示。

（5）检查电池。将量程选择开关拨至 R×1 挡，黑、红表笔短接，在进行“欧姆调零”后，若万用表的指针仍不能调到刻度线右端的零位，说明电池的电压不足，需要更新电池了。

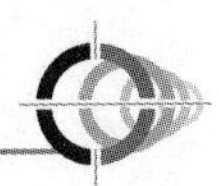

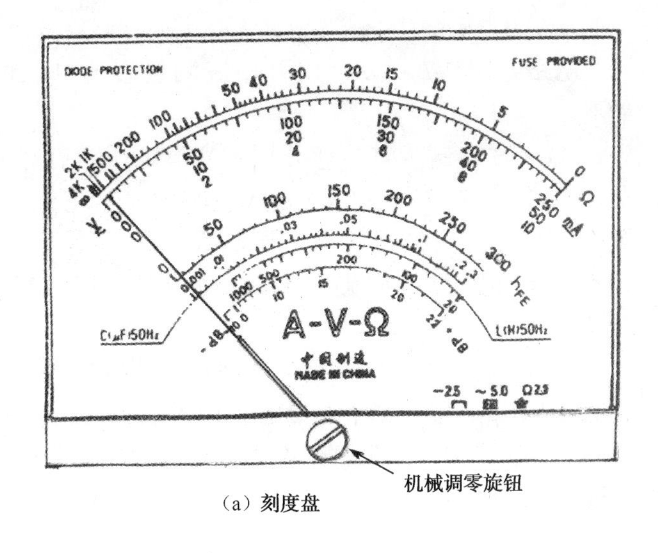

（a）刻度盘

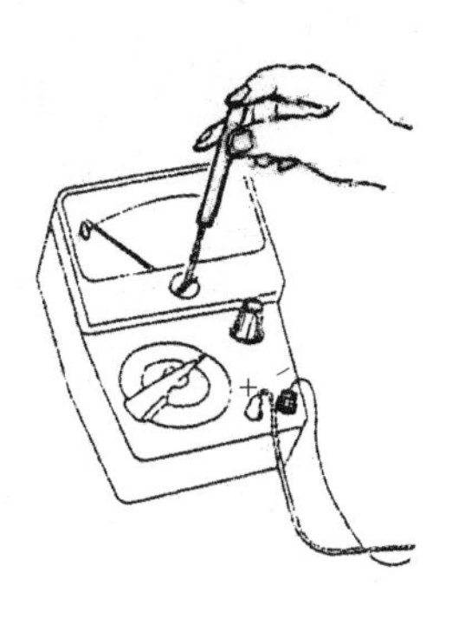

（b）用小螺丝刀调零

图 2-5　指针式万用表机械调零示意图

（6）测 1000V 以上的高压时，必须使用专用于测高压的引线和绝缘棒，不可用普通表笔线。测量时，应单手操作，确保人身安全。

测高电压必须谨慎行事

2. 3. 2　直流电压的测量

万用表的磁电式测量机构实质上是一个多量程小量限的电压表。要实现多量程的测量，必须扩大仪表的量限，通过采用串联分压与表头串联的方式，则可构成不同量程的直流电压表，如图 2- 6 所示。

通过分压可实现不同量程的测量

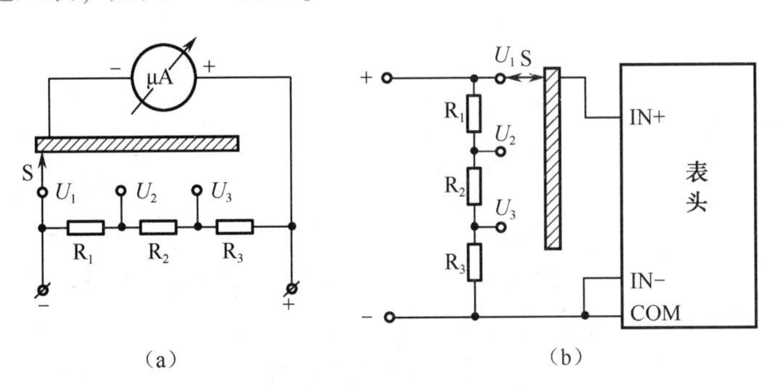

图 2- 6　多量限直流电压测量电路

图 2-6 中的 R_1、R_2、R_3 电阻是为扩大量程而串联的附加电阻。当转换开关 S 由位置 U_1 向 U_2、U_3 依次转换时，附加电阻值会不断减小，于是测量电压的量程也随之减小，从而就可实现不同量值的直流电压的测量。

应用举例

◉用指针式万用表测量彩色电视机电源电压

电路如图 2-7 所示。用万用表测量直流电压的要点如下。

测量要点

（1）选择测量量程。万用表直流电压挡有“V”标示，有 1V、2.5V、10V、50V、250V、500V、1000V 等不同量程。应根据被测电压的大小选择适当的量程。若不知电压高低，应先用最高电压挡，然后换至合适挡位。

（2）测量方法。将万用表并联在被测电路的两端。红表笔接电源的正极，黑表笔接电源的负极，如图 2-7 所示。

（3）正确读数。正对刻度盘，目视对应的刻度线，读出被测电压值。

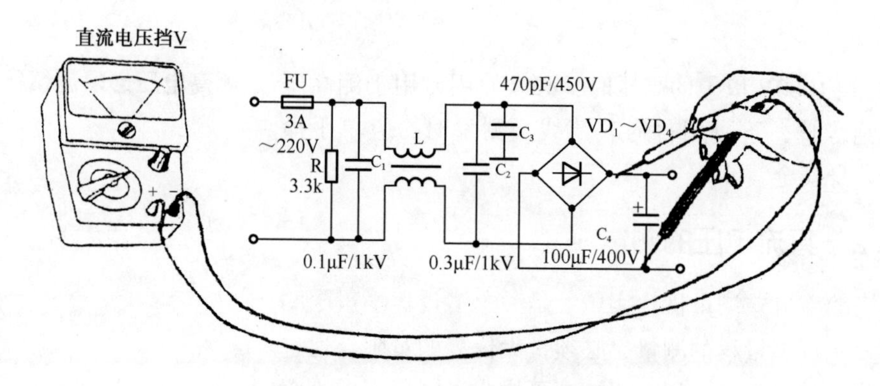

图 2-7　用指针式万用表测量彩色电视机电源电压

2.3.3　交流电压的测量

表头为磁电式直流微安表，测交流量需增加一个整流器

万用表的表头为磁电式结构，它适合测量直流电压或电流，因此测量交流量时需增加一个整流器，将输入的交流电转变成直流电，然后再通过表头，从而实现用磁电式测量机构（表头）来测量交流量。对交流信号进行整流后的直流信号，通过电阻与微安表串联。因此，万用表中的交流电压测量线路，实际上是一个多量程的整流式电压表的电路，即在带有表头的整流电路中接入各种数值的附加电阻。如图 2-8 所示。图 2-8（a）是半波整流式电路；图 2-8（b）是桥式全波整流式电路。

测交流必须将交流量变为直流量，故必先整流！

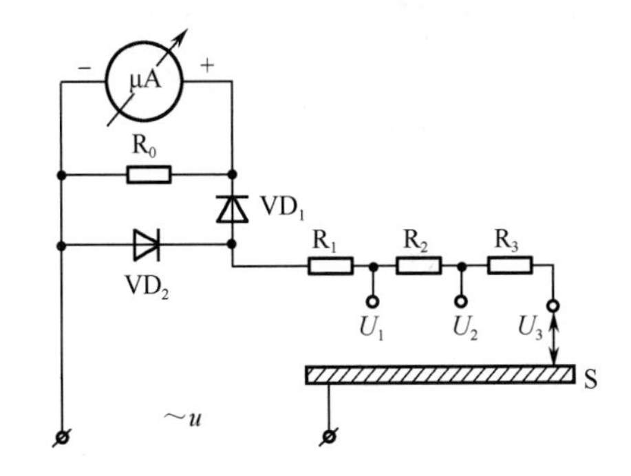

（a）半波整流式电路

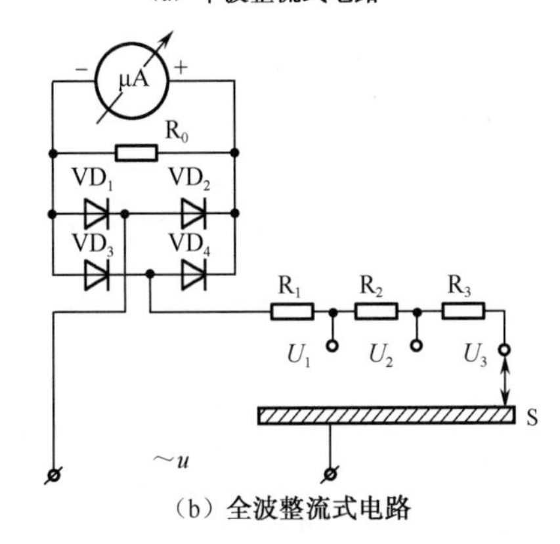

（b）全波整流式电路

图2-8　整流式多量程交流电压表原理电路

应用举例

◉用指针式万用表测量低压变压器的次级电压

电路如图 2-9 所示。万用表测量交流电压的挡位有 10V、50V、250V、500V、1000V 和 2500V。

下面介绍如何用指针式万用表测量交流电压。

（1）选择量程。应根据被测量变压器次级电压的大小，选取合适的交流电压挡位，选取的挡位应选择最接近估计电压的最大值。

（2）测量方法。将万用表并联在被测变压器次级绕组的两端。由于交流信号电压无正、负（极）之分，故可将红、黑表笔分别接在变压器次级绕组的 3、4 端。

（3）读数。使用者应端坐正视表的标度盘，找到对应的刻度线，读出被测电压值。

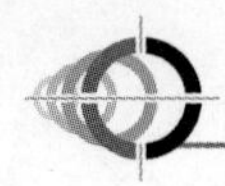

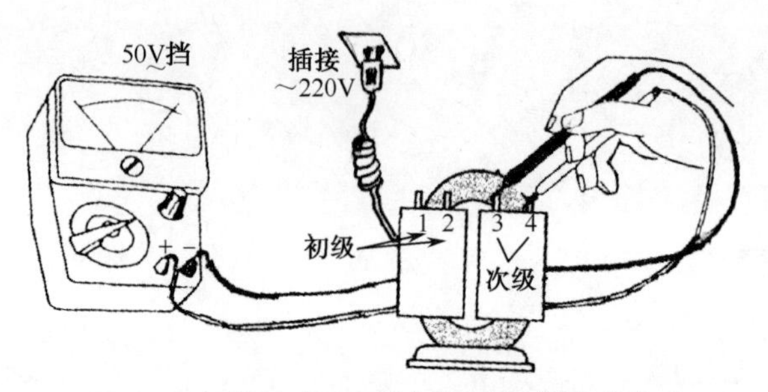

图 2-9　用指针式万用表测量变压器次端电压

2.3.4　直流电流的测量

万用表的直流电流挡实质上是一个多量程的磁电式直流电流表，如图 2-10 所示。将不同阻值的电阻与微安表并联，即构成具有不同量程的直流电流表。分流电阻的阻值越小，则得到的测量电流量程越大。当转换开关 S 置于不同挡位时，表头所配用的分流电阻不同，便可构成不同量程的挡位。

串联电阻 $R_1 \sim R_3$ 分压可构成不同量程挡位

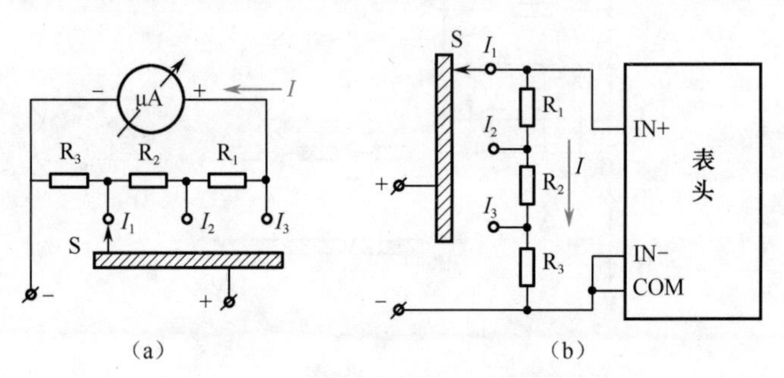

图 2-10　万用表直流电流测量电路

应用举例

◉用指针式万用表测量直流电流

用指针式万用表电流挡测量交流整流电路流过负载 R_{fz} 的直流电流的示意图如图 2-11 所示。图中是一个正弦交流电全桥整流电路，C_2 是滤波电容，R_5 是桥路的等效负载，测试时需将负载处断开（图中“×”处），将指针式万用表的两表笔串接至“×”断开点。

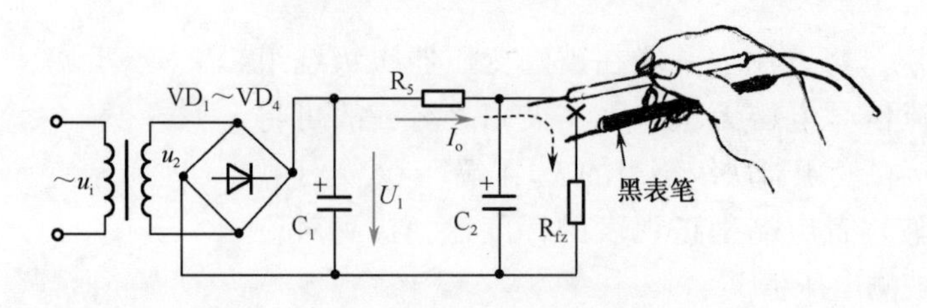

图 2-11　用指针式万用表测量直流电流示意图

下面介绍如何用指针式万用表测量直流电流。

测量要点

(1) 选择量程。万用表电流挡标示有"mA"字样，有0.05mA、0.5mA、1mA、5mA、10mA、50mA、100mA、500mA等不同量程。应根据被测电流的大小，选择适当量程。若不清楚其电流大小，宜选用最大电流挡测量，试测后再换至合适的电流挡。本测试为测收音机整流电路，可选用100mA量程。

(2) 测量方法。将被测电路接负载 R_{fz} 的上端断开（图中"×"处），将万用表与被测电路串联，即万用表的两表笔接"×"点两端，红表笔接在与电路的正极相连的断点，黑表笔接在与电路的负极相连的断点，如图2-11所示。

(3) 正确读出数值。面对刻度盘，找到对应的刻度线，视线正对表针读出被测电流。

2.3.5 交流电流的测量

测交流需先整流！

由于磁电系表头只允许测量直流电流或直流电压，若需测量交流电量，则必须采用整流装置。有的万用表不设置交流电流测量电路挡，如MF－47型指针式万用表就没有交流电流测量挡。

没有交流电流挡的万用表，其表内部设有整流电路。整流方式视被测电流的大小，分为如下两种：一种是半波整流电路，如图2-12（a）所示；另一种是全波整流电路，如图2-12（b）所示。这两种电路适用于被测电流较小的情况，可直接对被测交流电流进行整流，由磁电系电流表指示。

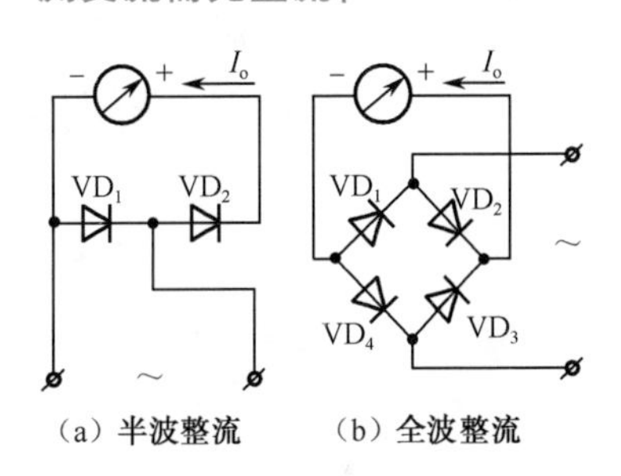

图2-12 测量较小交流电流电路

注意测大电流如何分流

对较大的交流电流进行测量，应先进行分流，再对进入表头的电流进行整流，如图2-13所示。图中的 VD_1 和 VD_2 组成半波整流电路。当然，也可用由四个整流二极管组成的桥式电路进行桥式整流。有的万用表，还采用内附电流互感器的方法，先扩大量限后，再对进入表头的电流进行整流并测量。

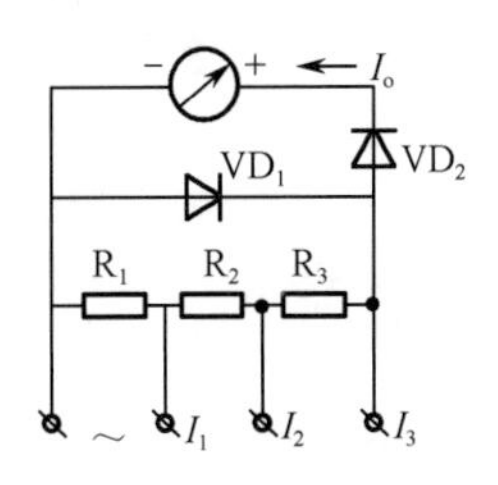

图2-13 测量较大交流电流电路

将交流电流进行整流后，其被测量已变为直流电流。这样一来，对交流电流的测量方法，就与测直流电流相类同了。

2.3.6 电阻的测量

1. 电阻测量原理

万用表的电阻挡实际上是一个多量程的欧姆表电路。

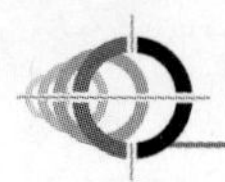

图2-14是电阻挡测量电路。直流微安表（表头）与电池（电源）、固定电阻R相串联，流过被测电阻R_x的电流I，由欧姆定律列式

注意 $I \propto \frac{1}{(R+R_x+r_0)}$，故$I$与被测电阻$R_x$不是线性关系

$$I=\frac{U}{R+R_x+r_0} \tag{2-2}$$

式中，U是电池E的电压；r_0是表头的内阻。

由图2-15可见，电流表与固定电阻R相串联，因而流过表头的电流与流过被测电阻R_x是同一个电流。因此，电流表指针偏转角大小与被测电阻R_x的阻值大小有相对应的关系。

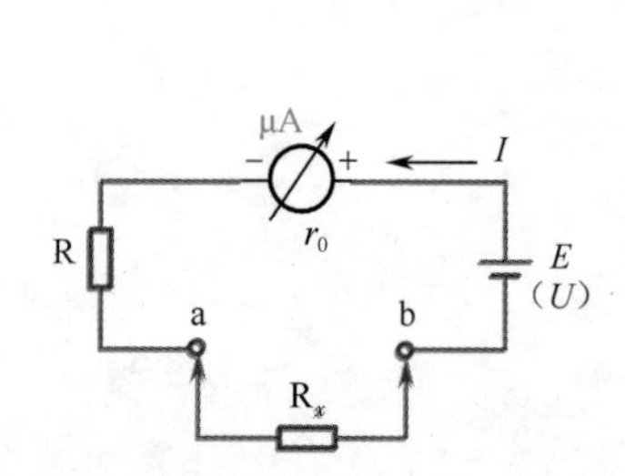

图2-14　测量电阻原理电路

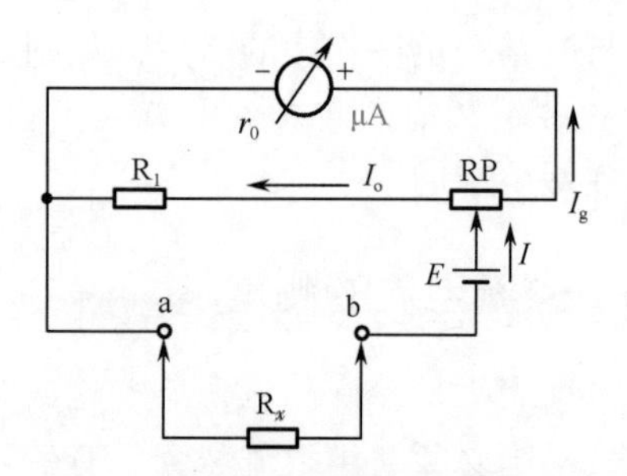

图2-15　分压式零欧姆调零电路

由式（2-2）不难看出，当电源电压U保持不变时，I与（$R+R_x+r_0$）成反比，R_x越大，电流I越小，表针指示也越小；当$R_x \to \infty$时，$I \to 0$，指针的偏转角度也趋向零。因此，流过表头的电流与被测电阻不是线性关系，故其电阻挡标度尺的刻度是不均匀的（由于工作电流I和被测电阻R_x不成正比关系），如图2-16所示。

注意电阻挡标度尺刻度呈非线性

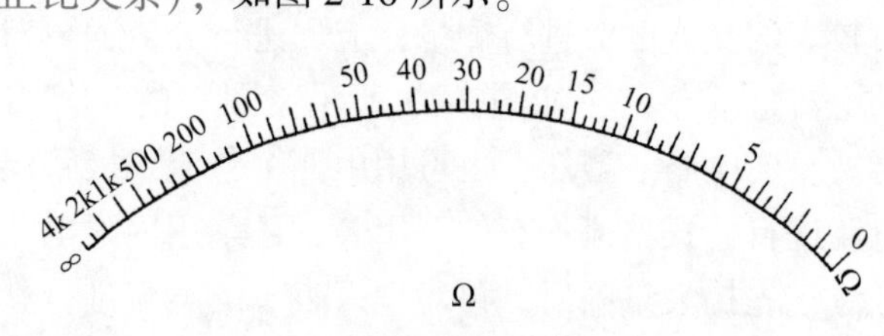

图2-16　指针式欧姆表的标尺刻度

2. 零欧姆调整器与欧姆调零

1）指针式万用表为什么要加装零欧姆调整器

零欧姆调整见图2-15

上面经已经谈到，当被测电阻R_x为零时，电路中的工作电流是满偏电流，指针是满刻度偏转。但在实际应用中，由于电池使用过程的消耗或其他原因，会导致电池电压下降，从而导致流过表头的电流下降，不再是满偏电

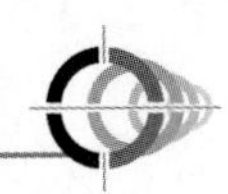

流。若不进行调整，测量时就会因电流减小而产生误差。为减小测量误差，万用表都加装了如图 2-15 所示的分压式欧姆调零电路。

测前为何要进行欧姆校零?

调零电位器 RP 露出表面板上的转轴加上旋钮，即为欧姆调零旋钮，一般加在量程选择开关的右上侧或旁边，用于测电阻时的欧姆调零。由图 2-15 可见，电位器 RP、固定电阻 R_1、表头和电池组成一个闭合式分流器，当调整电位器 RP 的阻值时，则与表头串联和并联的电阻阻值随之变化，在分流作用的改变下，使表头电流得到相应的调整，从而达到调零的目的。

2）如何进行欧姆调零

（1）将万用表水平放好，插好表笔，将量程开关旋至电阻 R×1 挡。

（2）将红、黑表笔短接，如果万用表指针不能满偏（指针不能偏转到刻度线右端的零位），用手轻转“欧姆调零”旋钮，如图 2－17 所示。使指针与欧姆刻度线的 0 指示线重合，即实现零位调整。

零欧姆调准

（3）上述调整，如果仍不能使万用表的指针调节到刻度线右端的零位，应检查所用电池是否电压不足。若过低，应更换电池。

图 2-17 指针式万用表欧姆调零示意图

如何调零

3. 万用表测量电阻的要点

（1）电阻阻值的测量要使用欧姆挡。欧姆挡的挡位有R×1、R×10、R×100、R×1k、和 R×10k 挡。

（2）根据被测电阻值大小将量程开关拨至合适的挡位，使指针尽可能指在表盘的 1/2～2/3 的区域。

如何精确测量电阻

（3）如果被测元件装在电路板上，应先将电路板断电，断开被测电阻的一端。

严禁带电操作

（4）欧姆调零。将红、黑表笔短接，在选定的电阻挡位上，其指针应指向零位。指针不指零时，应调至零位。

（5）将红、黑表笔分别紧密接触被测电阻两端，进行测量。

（6）在表头的第一条刻度线上读其阻值，然后按下式取值：

被测电阻 = 电阻挡倍率 × 指针所指数值

4. 欧姆挡测量实例：固定电阻器测量

测电阻实例说明

在前面介绍电阻测量原理时，由图 2-18 所示的测量原理图可看出，测量电阻要用到电池，由电池为电阻提供电动势，电阻中才有电流流过（而在测电流或电压时，由加进的电压或电流信号去驱动磁电系表头。此时，电池处于断开状态）。在电阻挡测电阻时，万用表的红表笔接电池的负极，黑表笔接电池的正极。

万用表测量电阻阻值的示意图如图 2-18 所示。

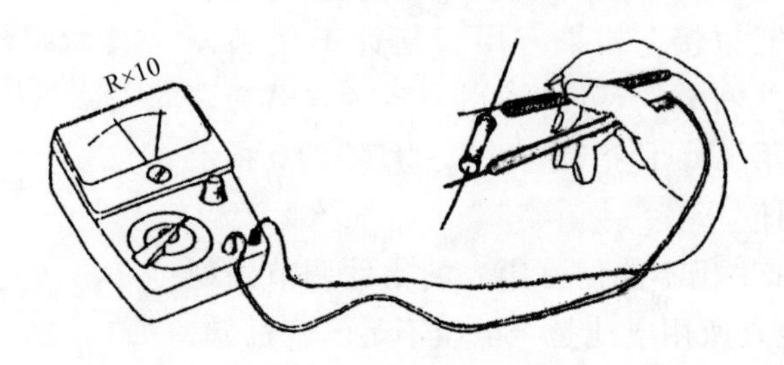

图 2-18　测量电阻器的阻值

【测量步骤】

（1）将被测电阻同其他元器件或供电源断开。

测电阻步骤

（2）根据被测电阻值，选择合适的量程，以便使表针尽可能指在刻度盘的 1/3 ~ 2/3 区段，减小读数误差。

（3）正确读数。在第一条刻度线读取刻度值，再乘以倍数，即：

$$测得阻值 = 指针所指数值 \times 电阻挡倍率 \qquad (2\text{-}3)$$

例如，表针指示的数值是 26.5（Ω），选择的量程为 R×100，则测得的电阻值为 26.5 × 100 = 2650Ω。

（4）测量完毕若需要换挡，应再次调整欧姆调零旋钮，然后再测量。

（5）欲测电路板上的在线电阻，测前应将电源断开，不可带电操作，否则会烧坏表头。此外，在线电阻大都与其他元器件串联或并联，故应将电阻的一端断开，然后再测，如图 2-19 所示。

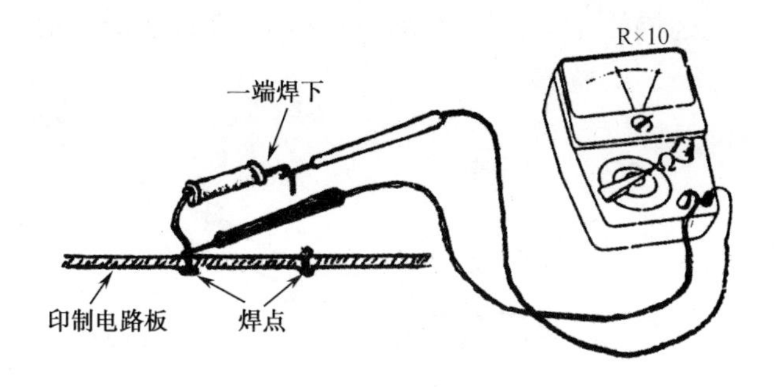

如何正确测量在线电阻

图 2-19　电路板上的电阻测量示意图

2.3.7　电位器和微调电阻器的检测

1. 电位器的检测

电位器也称可变电阻器，它是指阻值在一定范围内能自由调节的电阻。

1）测试前的检查

在检测之前，应先目测电位器的壳体和外引脚是否完好。然后，用手转动电位器的旋柄，看转动是否平滑，听其滑动触点与电阻体之间有无杂音或“沙沙”声。若是带开关的电位器，还应检查开关是否灵活、通/断声是否清脆等。

2）检查电位器的标称阻值

一般电位器的标称值都标注在其壳体上，根据标称阻值的大小，将万用表拨至合适的电阻挡。将黑、红两表笔短接，然后转动欧姆调零旋钮，调准“Ω”挡的“0”位，见图 2-17。

测标称阻值

调零后，将万用表的两表笔与电位器的两个定臂 1、3 分别相接（不分正、负），如图 2-20 所示，这时表的指针应指在电位器的标称阻值处。若表的指针不动或测出的值与标称值相差过大，说明电位器有质量问题或已被损坏。

3）检查电位器动臂与电阻体的接触情况

将一个表笔接电位器的定臂 1，另一表笔接活动臂 2（即中间引出端），如图 2-21 所示。缓慢地旋动电位器的转轴，表头的指针应平稳地从小到大或从大到小移动。若表针呈跳跃式或间歇式变动，说明活动臂与电阻体接触不良。这样的电位器若用于控制收音机的音量，则会出现“咔啦”声或忽大忽小声。

用上述同样方法，可检测定臂 3 与活动臂 2 的接触是否良好。

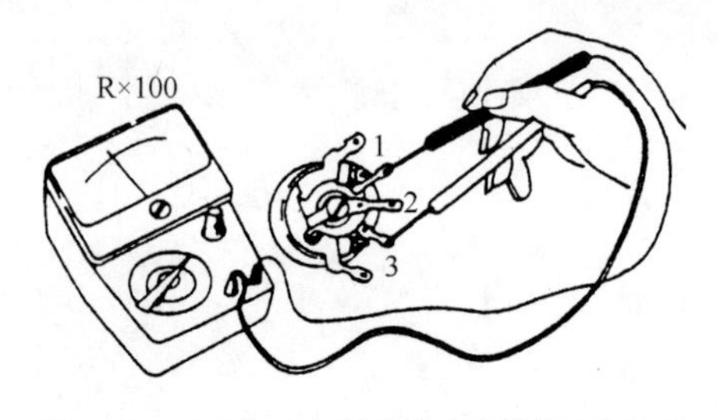

图 2-20　用万用表测量电位器的标称阻值

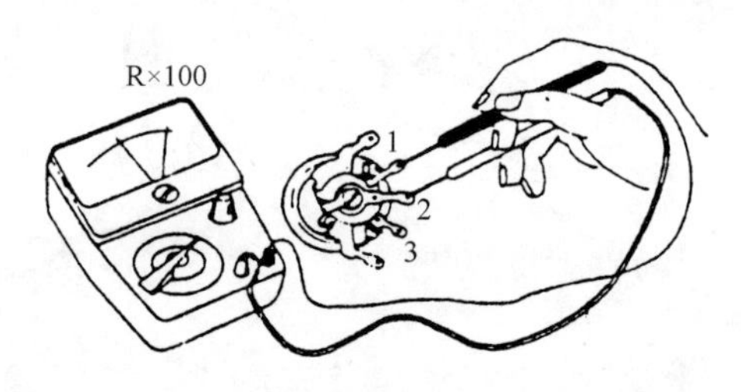

图 2-21　用万用表检测动臂与电阻体的接触情况

4）检查开关电位器的开关质量

检查开关质量

将万用表置于 R×1 挡或 R×10 挡，两个表笔分别接开关电位器的开关接点 4 和 5，如图 2-22 所示。旋动电位器的旋柄，使开关或“开”或“关”。开关“开”时，表针应指向电阻 0（最右边）；开关“关”时，表针应指向电阻∞。（最左边）。如此重复几次，查看开关接触情况。

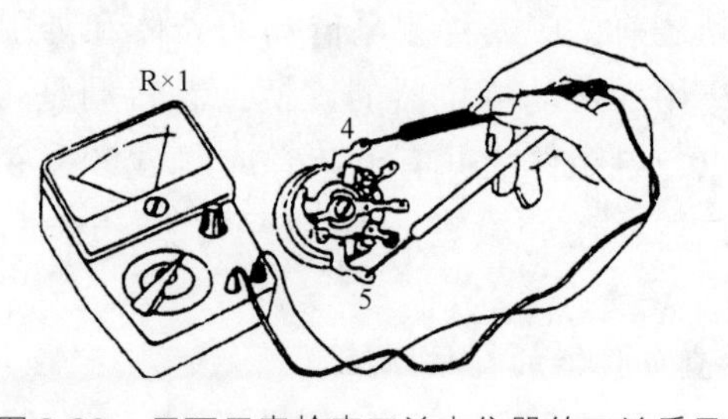

图 2-22　用万用表检查开关电位器的开关质量

2. 微调电阻器的检测

微调电阻器可视为不带外露转轴的小型电位器，因此，对它的检测与上述电位器的检测方法几乎相同。微调电阻器也有 3 个外引脚，其中两个与电阻体的定片相连，另一引脚与动片相连。

如何测微调电阻器

对微调电阻器的检测主要有如下两项内容。

1）测量两定片间的阻值是否与标称阻值相同

选好万用表测量电阻挡的量程，并对该挡调准“0”位。然后，将万用表的两表笔分别与微调电阻器的两定片相接触，如图 2-23 所示。所测的电阻值应与标称值相同。若测得的值与标称值相差太大（一般有 ±20% 以内的误差），或阻值呈∞，说明该微调电阻器质量有问题或已被损坏。

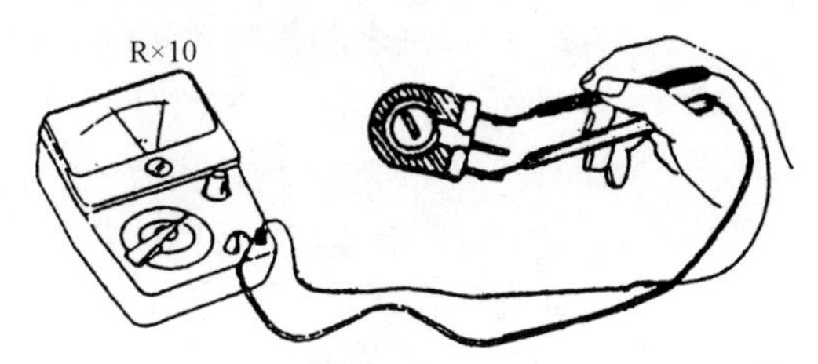

图 2-23 用万用表测量微调电阻器的标称阻值

2）检查微调电阻器的动片与电阻体间的滑动情况

将万用表两表笔分别接微调电阻器的动片引脚与一个定片引脚，如图 2-24 所示。用小螺丝刀慢慢调整其调节口，查看万用表的指针是否平稳地从小到大或从大到小移动，即其电阻值应从零到接近标称值或从标称值到近于零。同时，观察表针有无明显的跳动或间歇，从而判断微调电阻器滑动臂的接触是否良好。

检查滑动接触情况

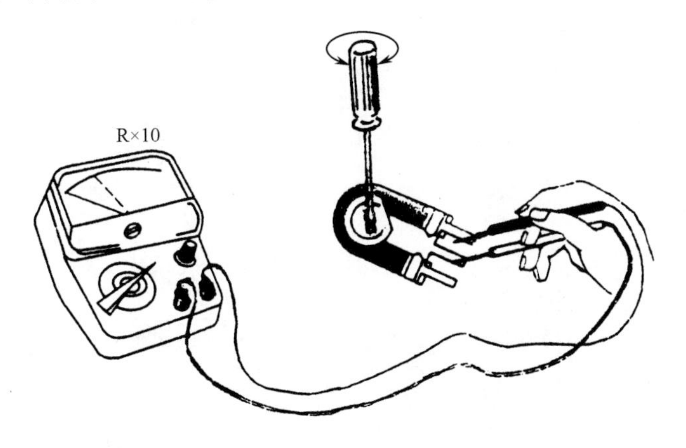

图 2-24 用万用表检测动臂与电阻体的接触是否良好

2.3.8 用万用表检测无极性电容器

电容器是储存电荷的容器。储存电荷的能力，称为电容量，简称电容。按电容器有没有极性，可分为有极性固定电容器和有极性电容器。

1. 电容器检测原理

用万用表的 AC 10V 挡及电容容量刻度线测量

电容器是一种储能元件，它具有充电、放电和通交流、隔直流的基本特性。利用通交流这一性能，可使用万用表的 AC 10V 挡及表盘上的电容容量刻度线，对电容器进行定性和电容量的测量；利用电容器的充电、放电性能，可使用万用表的欧姆挡对电容器进行定性和半定量的质量估测和判断。

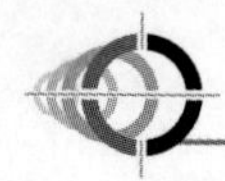

2. 用万用表测量电容器的电容量

目前，市售的数字式万用表大都有测量电容器容量的电容挡C（或CAP）；指针式万用表也大都有测量电容器的AC 10V挡电容量刻度线，如MF－47型指针式万用表、U101型万用表等。

MF－47型指针式万用表和U101型万用表的标度盘上有如图2-25所示的电容量刻度线，用它可测量0.001～0.3μF的电容器。测量电路的连接图如图2-26所示。

检测电容，需万用表上AC 10V挡和电容量刻度线两者配合

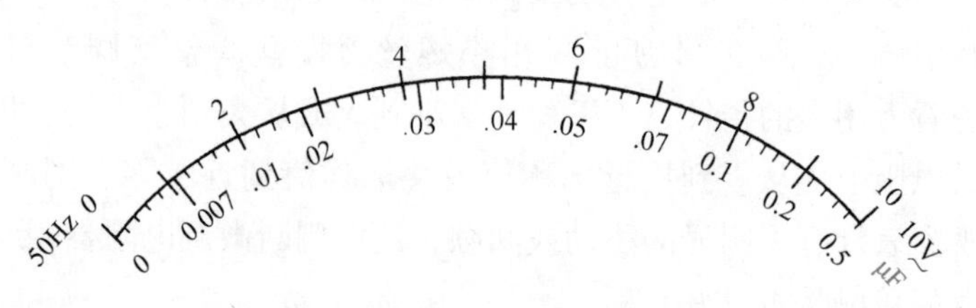

图2-25　交流10V挡（50Hz）电容量刻度线

图2-26中接入了一个交流（50Hz）降压变压器T，将市电220V降至10V左右，并按图将待侧电容器C_x接好线。

测电容示意图

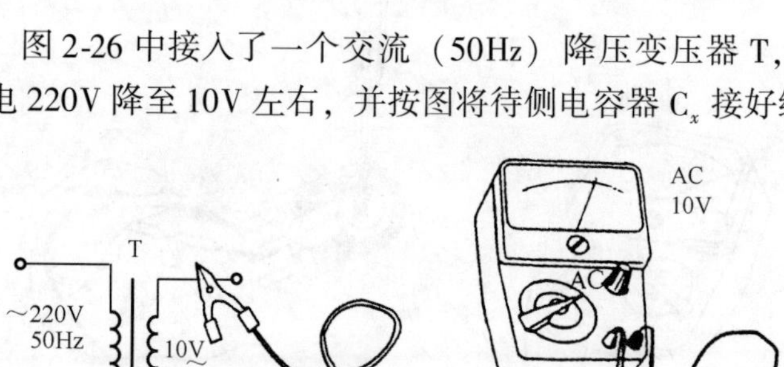

图2-26　用指针式万用表AC 10V挡测量电容器的电路连接图

【测量步骤】

测量步骤

（1）将万用表的转换开关拨至交流（AC）电压10V挡。

（2）为测得准确和安全，使用带小金属夹的测量线从变压器T次端接出AC 10V电压，并将红、黑表笔接至电容器C_x的两端。

（3）从电压表表盘第4条刻度线（电容刻度线）上直接读取数据，即待测的电容量。

（4）测试后，将转换开关拨至“OFF”挡或最大交流电压挡。

若测得的电容量与电容器的标称容量基本相符，则表明该电容器是好的；若容量值相差过大（超过容差值过多），说明电容器有问题。

3. 用指针式万用表检查电容器是否短路、开路及漏电

对于手头无数字式万用表，也没有交流（AC）10V 挡及“C（μF）50Hz”电容刻度线的指针式万用表（如 MF－500 型、MF－30 型等）的读者，如何检测并判断电容器的质量好坏呢？

我们可通过万用表内的电池对待测电容器的充放电过程来观察表的指针摆动情况及其指示值，并判定电容器是否有漏电情况、绝缘电阻大小及电容器是否短路或开路（断路）等质量问题。

用普通简易型万用表可进行下面的检查。

1）检查电容器的充放电性能和漏电情况

检查电容器质量

检测电路如图 2-27 所示。

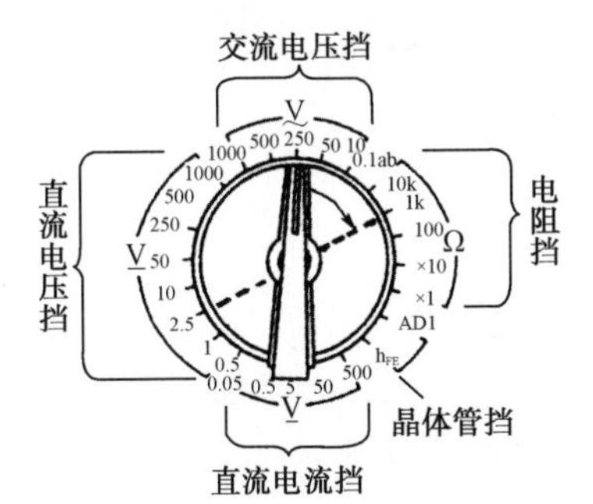

（a）万用表换挡选择开关

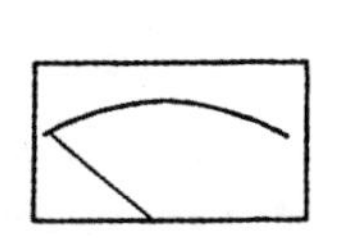

（b）表头的表针纹丝不动，表明电容器已断路损坏

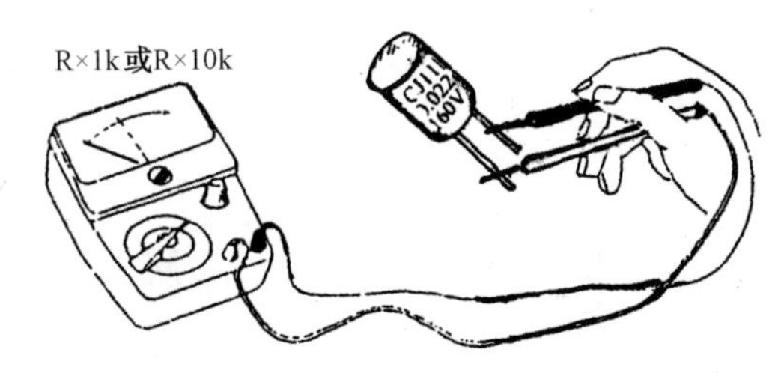

（c）表针轻摆，绝缘电阻很大，电容器质量好

图 2-27 检测电容器充放电性能及有无漏电示意图

无极性固定电容器可按以下步骤检测。

（1）对待测的电容器的两引线端短接、放电。

（2）将万用表的转换开关置于欧姆挡 R×1k 或 R×10k 挡，如图 2-27（a）中箭头所示。

测试前，先放电，防止打表

（3）将万用表的两个表笔搭接到被测电容器的两电极引线上（注意不可用手拿两根引线），观察电容器的充放电情况。

① 对于电容量较小（小于 5100pF）的电容器，可观察到万用表的指针向右（顺时针）轻摆一下后，又迅速返至左端，表针停止处的阻值即为该电容器的绝缘电阻。绝缘电阻越大越好，一般应接近∞；若测得的电阻小于 1MΩ，说

测小容量电容器

明该电容器漏电现象明显，质量不好，不宜使用。

测大容量电容器

② 对于电容量较大（大于5100pF）的电容器，可观察到万用表指针向右（顺时针）跳动一下，然后逐渐返回左端，表针所指的电阻值即该电容器的绝缘电阻，该阻值越大越好。若漏电电阻低于500kΩ，说明该电容器的漏电现象较严重，不宜使用。

2）检查电容器短路或开路

判断C短路或开路

测试电路也用图2-27所示的方法。将万用表表笔分别接待测电容器的两根引线。若万用表的指针纹丝不动，即阻值为∞，然后，将两表笔对调再测，指针仍然不动，则表明该电容器已断路（开路）；若万用表的指针指向零或阻值很小，且指针不再回返，表明该电容器已击穿、短路，无法使用。

2.3.9 用万用表检测电解电容器

电解电容器是有极性的电容器，且电容量一般都较大（1μF～几千微法）。可用指针式万用表或数字式电压表进行检测。

1. 用指针式万用表检测电解电容器

检查电解电容器

1）检查电解电容器的充放电性能和漏电电阻

电解电容器的检测方法与检测无极性电容器的方法类同，但由于电解电容器的容量一般都很大，而且都存在一定的漏电流，故检测时万用表指针的摆动有所不同。

将万用表的转换开关置于电阻R×1k挡（测量1～100μF）和R×100挡（测量100μF以上）。将万用表的红表笔接电解电容器的负极，黑表笔接电解电容器的正极，如图2-28所示。

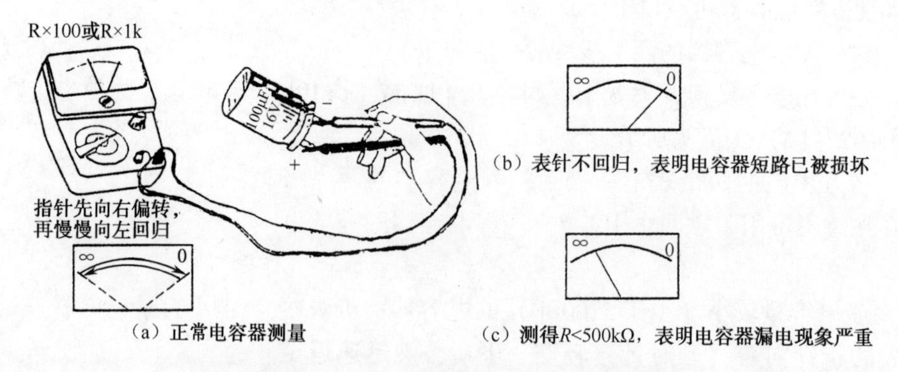

（a）正常电容器测量

（b）表针不回归，表明电容器短路已被损坏

（c）测得R<500kΩ，表明电容器漏电现象严重

图2-28 用指针式万用表检测电解电容器的示意图

在两表笔刚触及电解电容器两引线的瞬间，指针向右摆动一下，摆至一定幅度后，又向左摆动，直至某一位置停止不动。此时，指针所指的阻值就是电解电容器的正向漏电电阻。由于电解电容器在不同程度上都存在一定的漏电现象，万用表的指针一般都回归不到原位（∞处）。一般来说，正向漏电电阻越大，说明电解电容器的漏电电流越小，其质量越好。通常，正向漏电电阻应不小于500kΩ。

漏电电阻与漏电电流

2）判断电解电容器断路和短路

在上述测试中，如果万用表的指针不动，说明该电容器已损坏（断路）；如果向右摆动后不再向左返回，则说明该电容器已短路、完全损坏，应将两电极引线剪断或扭结在一起，以防日久遗忘、拿起重用，造成危害。

如何判断断路和短路

3）电解电容器正、负极的判别

用指针式万用表的欧姆挡还能判断电解电容器的极性，如图2-29所示。

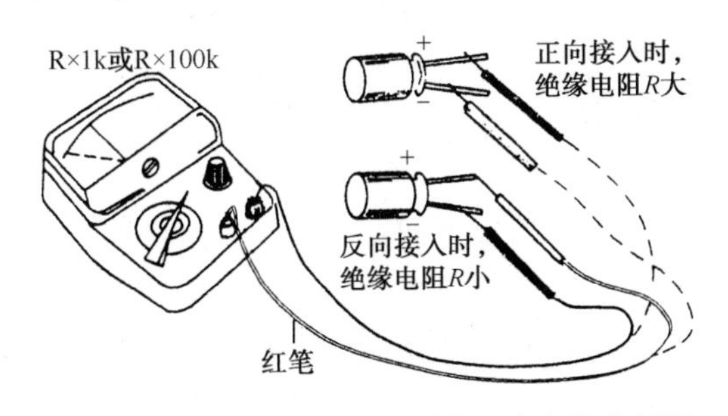

图2-29 用指针式万用表判别电解电容器的极性

判别电解电容器极性

万用表的黑表笔与表内电池的正极相连接，而红表笔与电池的负极相连接，因此在测量时，用黑表笔触接电解电容器的正极，红表笔触接电容器的负极，测得的绝缘电阻值较大；若将两表笔对调测量，则测得的绝缘电阻值较小。更换表笔后测得的阻值不同，这是因为不同的接法会导致漏电流的大小不同：正向接入时，漏电流小（绝缘电阻 R 就大）；反之接入时，漏电流大（绝缘电阻 R 就小）。

2.3.10 用万用表检测电感器

电感器的检测包括外观检查和性能参数的检测。

1. 电感器的外观检查

查看电感器外形有无损伤，线圈是否松脱、引线是否完好；内有磁芯的有无滑扣，旋转是否灵活；色码电感等固定电感器表面上有无标称电感值等。

先检查外观

2. 用万用表检测电感器的通断和绝缘电阻

1）检测电感线圈是否短路或断路及其电阻值

检查电感器通断的示意图如图 2-30 所示。

（1）先对万用表进行欧姆调零：将红、黑表笔短接，如果表针不能偏转到刻度线右端的零位，应进行欧姆调零，见图 2-17（a）。

小电感器的线圈电阻很小

（2）将万用表拨至“R×1”电阻挡，红、黑表笔分别接电感器的两引脚，表的指针应接近于 0Ω（这是由于一般电感器线圈的直流电阻很小），如图 2-30 所示。

先进行欧姆调零，然后再查线圈电阻

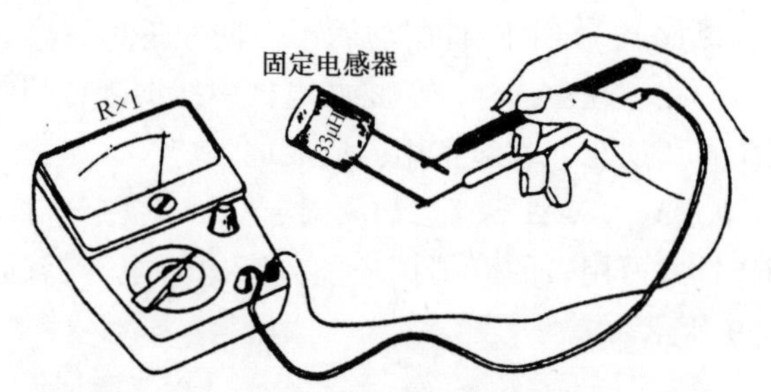

图 2-30　用万用表检测电感器的通/断及电阻值

如果表的指针指在∞处，说明该电感器的线圈已断开或与引脚脱开。

如果万用表的指针来回摆动、指示不稳定，说明电感器的线圈与引出端接触不良或虚焊。

大电感的线圈阻值相对较大

对于大电感量的电感器，其内的线圈数较多，线圈的直流电阻相对较大，应有一定（几欧姆）的阻值。

2）检查电感器的绝缘电阻

有些电感器，如扫描用的行线圈，内有永磁铁，外有金属屏蔽盒；收音机的振荡线圈，内有铁氧体磁芯和磁帽，外有铝屏蔽罩。检测时，除检测线圈的通、断及电阻值外，还应检测线圈绕组与屏蔽罩之间的电阻值。检测其绝缘电阻的示意图如图 2-31（a）所示。

整流电源的滤波器，常使用铁氧体或硅钢片作为铁芯低频电感阻流圈，使用前也应检测线圈与铁芯之间的绝缘电阻，如图 2-31（b）所示。

检测时，将万用表置于“R×10k”挡，两表笔分别接线圈外引线和金属屏蔽罩（或铁芯），其绝缘电阻应接近无穷大（∞）、表针稳定不动，否则说明电感器绝缘不良。

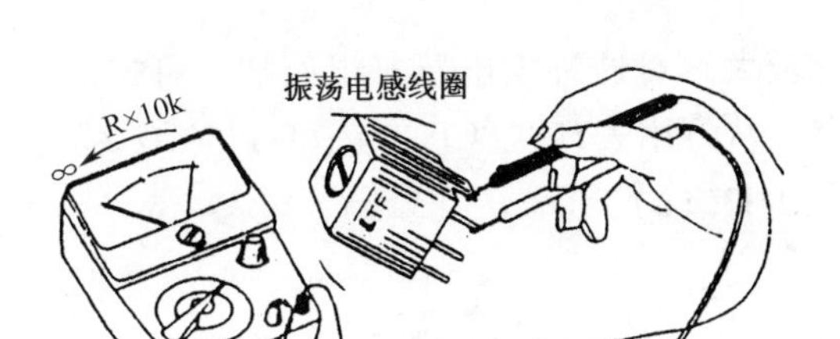

（a）检测带金属壳的振荡线圈

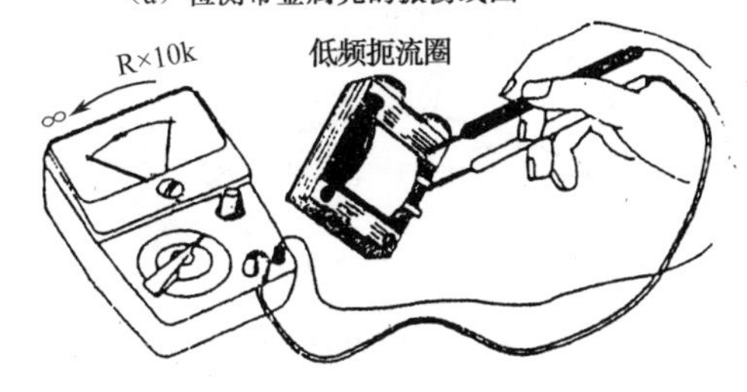

（b）检测有铁芯的扼流圈

图 2-31　检测电感器的绝缘电阻

3. 用万用表 AC 10V 挡测量电感器的电感量

有些指针式万用表，如 U101 型、U201 型、MF－47 型万用表，其标度盘上不仅有电容量刻度线，还有电感量刻度线 L（H）50Hz。利用万用表的这种功能可对 20～1000H 及 0.5～20H 的电感器进行测量。测量电感器的示意图如图 2-32 所示。

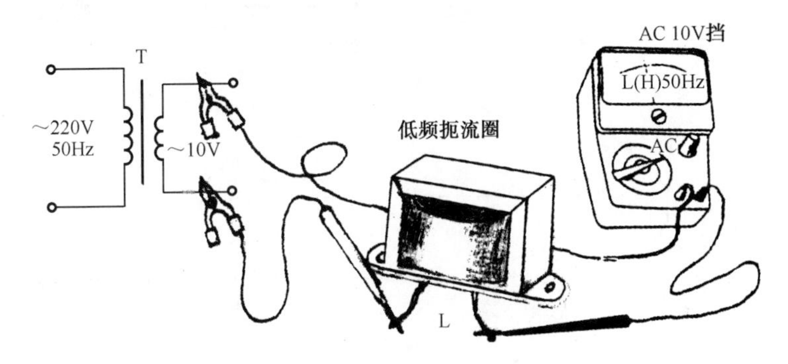

图 2-32　用万用表 AC 10V 挡测量电感器的电感示意图

使用以下方法测量电感器的电感。

（1）将万用表的量程选择开关拨至说明书规定的交流电压挡位（一般为 AC 10V 挡）。找一个次级电压为 10V 的 50Hz 交流降压变压器，按图 2-32 所示的接线接好。

（2）对大电感（20～1000H）的电感器的测量。一般来说，电力系统或电力装置中的滤波用电感或低频阻流圈的电

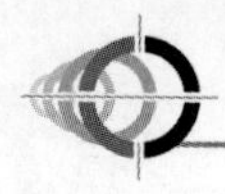

感量都比较大。对这种大电感量电感器，可按照图 2-33 所示的电路，从万用表刻度盘上的 L（H）50Hz 刻度线直接读数，如图 2-33（a）所示。

用 AC 10V 挡与电感量刻度线配合测量电感

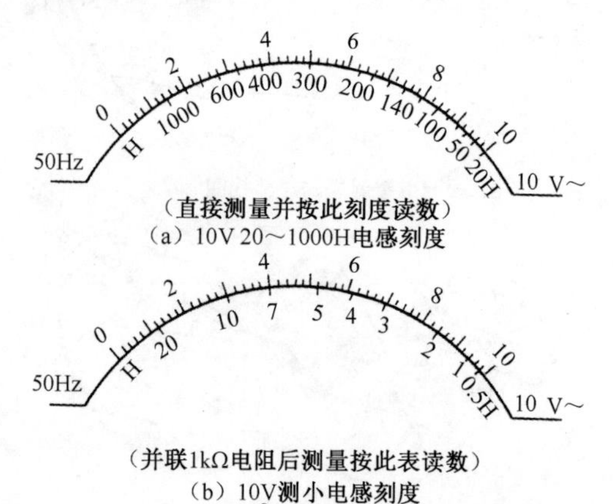

（并联1kΩ电阻后测量按此表读数）
（b）10V测小电感刻度

图 2-33　交流（AC）10V 挡电感刻度

（3）用万用表 AC 10V 挡测量 0.5 ~ 20H 电感。测量电路如图 2-34 所示，将 AC 10V 电压与被测电感 L_x 串接后，接入万用表的插口上，并在其“+”、“-”插口上并接上一个 1kΩ 电阻，则可在图 2-34 所示的 AC 小电感刻度上直接读数。

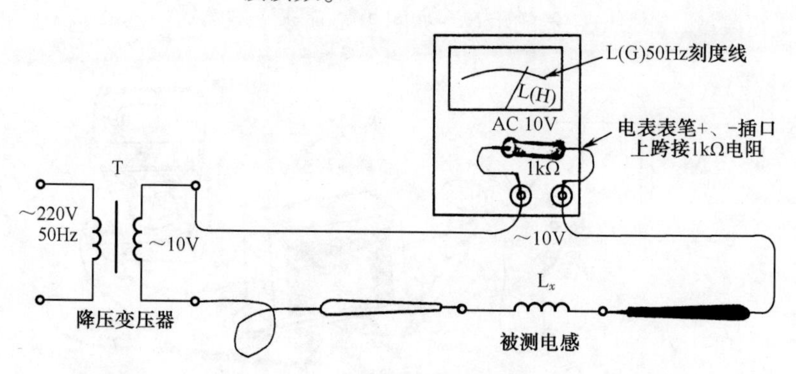

图 2-34　用万用表 AC 10V 挡测量 0.5 ~20H 电感的接线图

2.3.11　音频电平的测量

在一般万用表的表盘上，大都有一条分贝（dB）标度尺。当需要测量音频信号的大小时，可用万用表来测量其音频电平（如放大器的增益、传输网络的电平等）。MF - 47 型万用表表盘上的第 7 条刻度线，就是用来测量音频信号电平的刻度线。

1. 音频电平测量原理

在电信工程和网络中，常常需要在信号的传输过程中对信号的传输衰减或增益进行测量，而人耳对声音强度的听觉是不与其功率大小成正比，而是与功率的对数成正比，再加上用对数处理多级电路（或网络）的传输较方便，因此常用功率比值的对数值作为比较标准，这就是“电平”。常用的电平单位为分贝（dB），也可用贝尔（B）作单位（1B = 10dB）。

听觉与功率的对数成正比

音频电平与功率、电压的关系式为

音频电平 S

$$\text{电平}\ S = 10\lg\frac{P_2}{P_2} = 20\lg\frac{U_2}{U_1}\ (\text{dB}) \tag{2-4}$$

式中，P_1 为网络或放大器的输入功率；P_2 为输出功率；U_1、U_2 分别为输入、输出电压。

当音频电平 S 为正值时，表示放大；当音频电平为负值时，则表示衰减。为了测量方便，有必要设定一个零电平作为计算或判别电平升、降的标准。这就引出标准 0dB（零分贝）的概念。

一般把 600Ω（通信线路的特性阻抗，通信终端、测量仪表的输入阻抗，以及输出阻抗均是按 600Ω 设计的）负载上消耗 1mW 的功率作为 0dB，即标准 0dB。

0dB 概念

根据 $P_0 = U_0^2/Z$ 关系式，在 $P_0 = 1\text{mW}$ 时，对应于零电平的 U_0 值为

$$U_0 = \sqrt{P_0 Z} = \sqrt{0.001\ (\text{W})\ \times 600\ (\Omega)} = 0.775\text{V} \tag{2-5}$$

因此，对电平值的测量，实际上仍是电压的测量，仅是将原电压示值取对数后以分贝值标定而已，即增加了一条电平标尺，如图 2-35 所示。

电平标尺是在交流 10V 挡线上刻度的

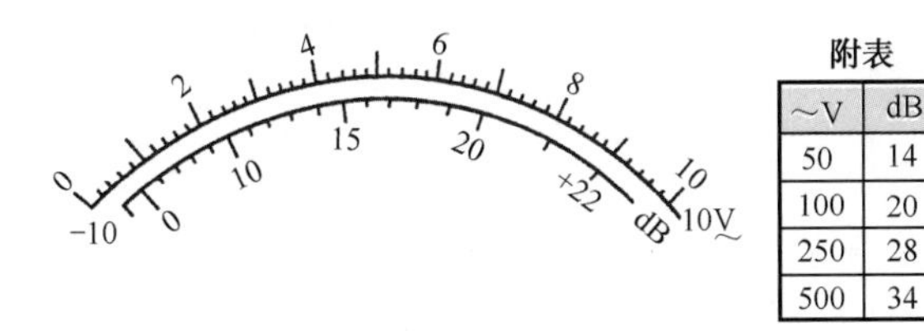

附表

~V	dB
50	14
100	20
250	28
500	34

图 2-35 交流 10V 挡分贝刻度线及附表

图 2-35 中标尺的刻度就是以 0.775V 电压为 0dB 折算出来的。音频电平是以交流 10V 进行刻度的，测量范围是 −10 ~ +22dB。因此，音频电平的测量线路，就是交流电压的测量线路。

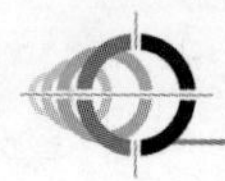

2. 用万用表测量音频电平的方法

(1) 测量时，将黑表笔插入公共插座（“com”或“＊”），红表笔插入“+”（或“dB”）插座中。

音频电平的测量方法

(2) 选择挡位：若被测电平在 -10 ~ +22dB 范围内，将量程选择开关拨至交流 10V 挡，黑、红表笔并接在被测负载的 a、b 端，如图 2-36 所示。为了隔断被测电路中的直流成分，在电路输出端串联一只隔直流电容器 C（根据音频信号的高低选用 0.1 ~ 4.7μF 的电容器）。

(3) 目视音频电平刻度线（第 7 条标有“dB”符号的线），若观察到表针停在 20dB 处（指针稍有摆动），则经驻极体话筒放大后的音频电平就为 20dB。即在交流电压 10V 挡量程下，分贝值可在分贝的标尺上直接读取即可，无须修正。

如果被测电平较高，超出了 10V 量程，就应改到较高的量程。

对于超过 ~10V 量程的，测得的音频电平应予修正

① 选择交流电压 50V 挡，若指针指在 15dB，如图 2-36所示，则读数 15dB 应再加上 14dB，为 29dB。所加的 14dB 是在 50V 挡测量时的修正值。当选挡在交流电压 50V 以上时读数应进行修正。为了便于读数，通常在万用表面上还标注有附表，见图 2-35 右侧的附表栏。

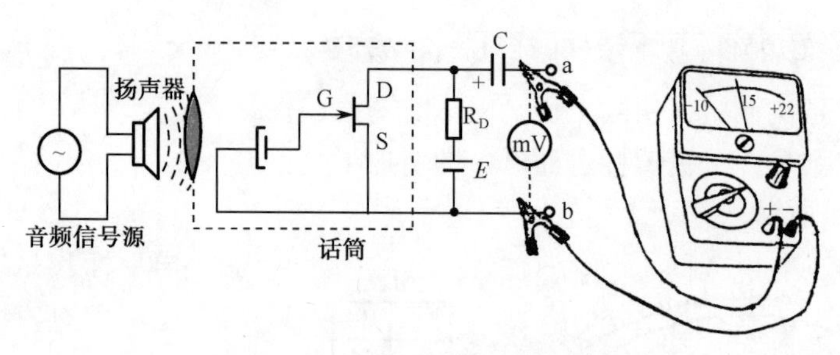

图 2-36 万用表测音频电平示意图

② 在选择交流电压 250V 挡时，若指针指在 20dB，则读数为 20dB + 28dB = 48dB。

③ 若选择交流电压 500V 挡，指针指在 15dB 时，则读数为 17dB + 34dB = 51dB。

表 2-2 列出了测音频电平的各挡读数的修正值。

表 2-2　测音频电平时的各挡读数修正值

交流电压挡量程（V）	电平的测量范围（dB）	读数修正值（dB）
10	-10 ~ +22	0
50	+4 ~ +36	+14
250	+18 ~ +50	+28
500	+24 ~ +56	+34

音频电平若超过 AC 10V 挡，应修正

2.3.12　用万用表检测整流二极管

半导体二极管是由 PN 结加上外引线和外封装构成的，它具有单向导电特性。利用 PN 结的单向导电性能，可把交流电变成脉动直流电。用指针式万用表的电阻挡可判断检测二极管正、负极和质量的好坏。

1. 整流二极管检测原理

检测二极管

基于二极管具有单向导电性，其反向电阻远大于正向电阻：硅管二极管的反向电阻通常在几兆欧（MΩ）或接近∞；而正向电阻仅为几千欧（kΩ）；同样，锗二极管的正向电阻（几百欧～几千欧）也远低于管子的反向电阻（大于几百千欧）。因此，利用正、反向电阻差值大的特性，用万用表的 R×1k 挡就可判断二极管的正极或负极，并可判断二极管的质量好坏。

2. 用万用表检测二极管的方法

1）判断二极管的正、负极

检测方法

用万用表检测二极管的检测电路如图 2-37 所示。将万用表置于 R×100 或 R×1k 挡，两表笔分别接至二极管的两端，测二极管的电阻。

利用二极管正、反向电阻差值大的特性，判断其正、负极

（1）若测得的阻值较小（一般在几百欧至几千欧），则测得的是二极管的正向电阻，与黑表笔（与表内电池的正极相连）相接的是二极管的正极，与红表笔相接的是负极。如图 2-37（a）所示。

（2）若测得的阻值很大，则测得的是反向电阻。与黑表笔相接的是二极管的负极，与红表笔相接的是正极，如图 2-37（b）所示。

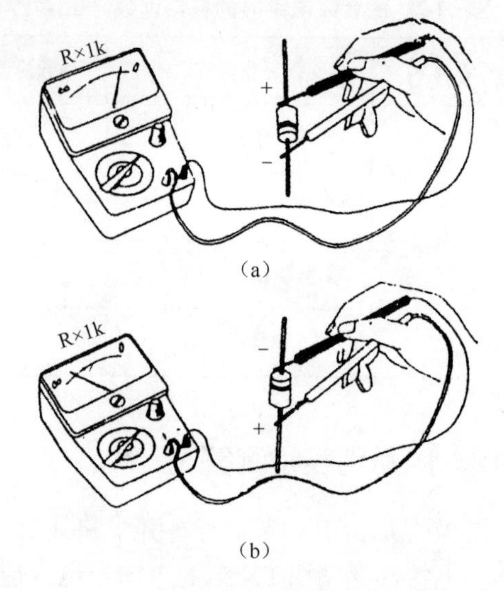

(a)

判断正、负极，检测质量好坏

(b)

图 2-37　用万用表检测并判断二极管的正、负极

2）判断二极管的好坏

判断二极管的质量

检测电路与检测方法见图 2-37。可按以下方法判断二极管的好坏。

（1）对于锗二极管，正向电阻值应为几百欧至几千欧，反向电阻值应在几百千欧以上。

（2）对于硅二极管，其正向电阻值应为几千欧，反向电阻值通常在几兆欧或接近∞。

（3）不管是锗管还是硅管，正向和反向电阻值相差越大者，说明其质量越好；若正、反向电阻值相差不大，说明该管漏电流过大，不宜使用。但若测得的正向电阻值为∞，且稳定不变，说明该管已断路；若反向电阻值很小（接近于零），说明二极管已被击穿、短路。

必要的告诫

【提醒读者】　检测时不能用万用表的 R ×1 挡，防止二极管因电流过大将 PN 结烧坏；也不能用万用表的R ×10k 挡（该挡内接 9V 或 15V 叠层电池），电压过高可能会将低耐压锗管击穿。

2. 3. 13　用万用表检测稳压二极管

Zener 二极管

稳压二极管也称齐纳（Zener）二极管，它是利用二极管在反向击穿时其反向电压几乎不随反向电流大小的变化而稳定在某一数值的器件，在电路中起稳定电压的作用。

1. 从稳压二极管的伏安特性看稳压机理

稳压二极管通常由硅（Si）半导体材料制成，它具有普

通二极管的单向导电性能，如图 2-38 所示。它的正向特性及反向电压特性与普通二极管很相似。但当反向电压增大到一定值时，反向电流突然增大而发生击穿，其内阻很小，反向电流在很大范围内变化时，管子的端电压基本保持不变，相当于一个恒压源。利用稳压二极管的单向导电和反向击穿特性，就可用万用表对其进行极性判断和检测。

稳压二极管检测原理——单向导电和反向击穿特性

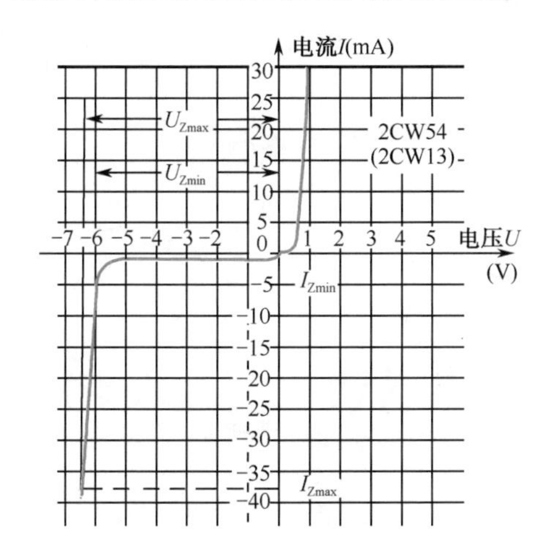

图 2-38　稳压二极管的伏安特性曲线

2. 用万用表检测稳压二极管

1）稳压二极管电极的判断

稳压二极管正、负极识别

（1）稳压二极管与普通二极管一样，引脚分正负极、在电路中不能接错。使用时，可根据管壳上的标记识别：一般带色点的或引线长的引线为正极；有色环的一端为负极。

（2）用万用表进行测试，若管壳上的标识已无法辨别，可使用万用表测稳压管的正、反向电阻，其方法是：将万用表置于 R×1k 挡，两表笔分别接管子的两引脚，在测得阻值较小的一次中，则黑表笔所接的引脚为稳压二极管的正极，红表笔所接引脚为负极，测试电路如图 2-39 所示。

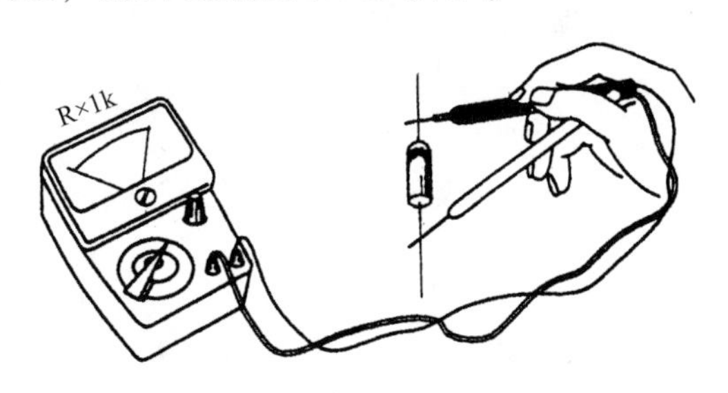

图 2-39　稳压二极管正、负极的判别

2）用万用表测试稳压二极管的稳压值 U_Z

对 $U_Z \leqslant 15V$ 管的测量

（1）对于稳压值 $U_Z \leqslant 15V$ 的稳压二极管，可用万用表直接测量其稳压值，测试电路如图 2-40 所示。

将万用表置于 R×10k 挡，并准确调零。红表笔接稳压管的正极，黑表笔接负极，待指针偏转到一稳定值时，从万用表直流电压挡 DC 10V 刻度线上读出其所指示的值（注意不能在电阻刻度上读数），然后按下式计算被测管的稳压值。

$$U_Z = （10V - 读数值）\times 1.5 \qquad (2\text{-}6)$$

U_Z 检测方法一

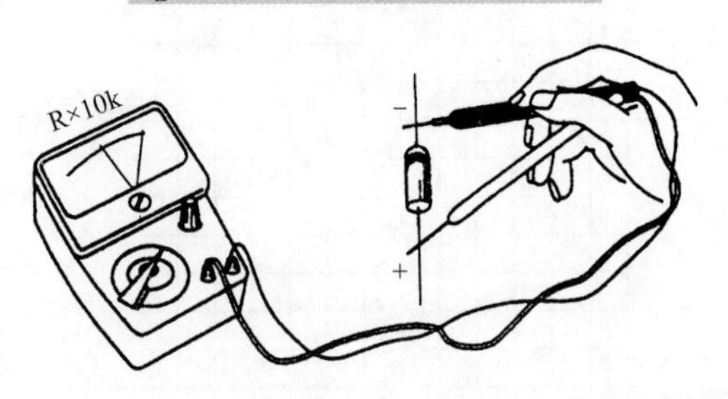

图 2-40 检测稳压二极管稳压值方法一

例如，按上述方法测得稳压管在 DC 10V 刻度上的读值为 4V，则可算出该管的稳压值，即

$$U_Z = （10V - 4V）\times 1.5 = 9V$$

需要说明的是：当用 R×10k 挡测量时，万用表内的电池一般都在 9V 以上（例如，MF－47 型万用表的 R×10k 挡所用电池为 15V）；而在 R×1k 以下挡时，表内的电池电压为 1.5V。

对 $U_Z \geqslant 15V$ 管的测量

（2）对于 $U_Z \geqslant 15V$ 的稳压二极管，其测试电路如图 2-41所示。

找一块稳压电压源，调节直流电压输出 U_o 应高于被测稳压二极管的稳压值 U_Z，即 $U_o > U_Z$，选择限流电阻 R 的阻值，如 $R = 510\Omega$，将万用表的两表笔搭接在被测稳压二极管的两端，如图 2-41 所示。调节电压源的输出，当万用表指针稳定地指示某一电压值时，则该值则为被测管的稳压值 U_Z。若表的指针不能稳定指在一固定值而来回摆动，表明被测管的质量不好。

U_Z 检测方法二

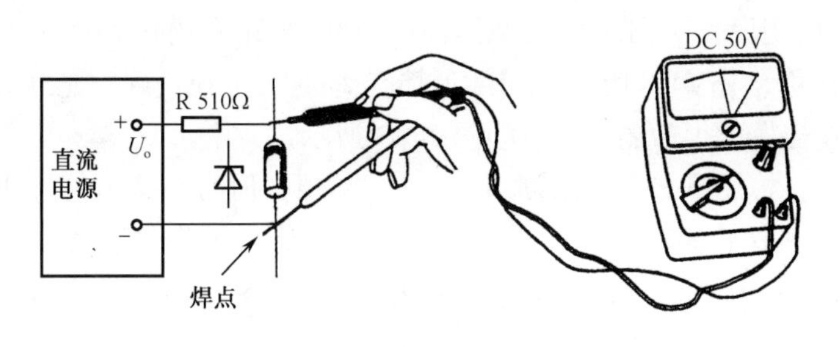

图2-41 检测稳压二极管稳压值方法二

2.3.14 用万用表检测发光二极管（LED）

发光二极管是一种内有PN结的半导体发光器件，它能把电能直接转换成光能，其发光机制是电致发光，是一种优良的发光器件，简称LED。LED具有工作电压低、耗电少、寿命长的优点，应用十分广泛。

1. 发光二极管的发光机理

普通LED发光机理

普通发光二极管（LED）采用磷化镓等半导体材料制成，其内部结构为PN结，与一般二极管一样，具有单向导电特性。当LED的PN结加上正电压时，PN结势垒降低，使原PN结的平衡状态打破，出现流过PN结的扩散电流和复合电流，致使P区的空穴注入到N区，N区的电子注入到P区。相向注入的电子和空穴相遇后就会产生复合，复合时发出的能量大都以光的形式辐射出来，称为复合光。LED是将电源的电能自行转换成光能的，其间没有像白炽灯等的电—热转换过程，其发光机制是电致发光，是一种自发辐射器件，称之为冷光源。

发光机制为电致发光

2. 发光二极管正、负极性判别和性能检测

普通LED是指单色发光二极管，可目测其外形和使用万用表判别极性。

1）目测法

正、负极极性判断

普通国产中、小功率发光二极管，通常长引脚为正极（+），短引脚为负极（-）；对于金属壳封装的，靠近壳体有凸起标志处的引脚为正极（+），另一脚为负极（-），如图2-42所示。

2）用万用表判别LED的正、负极及性能好坏

两种检测方法

检测方法一：一般发光二极管的正向开启电压不小于1.8V，而普通万用表在R×1k挡的表内电池仅为1.5V，因此，不论测正向电阻或反向电阻，被测发光二极管都不会导

通。因此，测试时，必须用 R×10k 挡（表内电池为 9V，有的为 15V）。用 R×10k 挡测量正向时，可观察到发光二极管会发出很微弱的光，如图 2-43 所示。

检测方法二：用万用表 R×100 挡，但要在黑表笔上串联一节 1.5V 电池，如图 2-44 所示。将黑表笔接发光二极管的正极（+），红表笔接负极（-），这时加至发光管的端电压为 1.5V+1.5V，该电压已超过管子的导通电压（1.8V），发光管便会发出明亮的光来。如果二极管仍不发光，说明被测管是坏的。

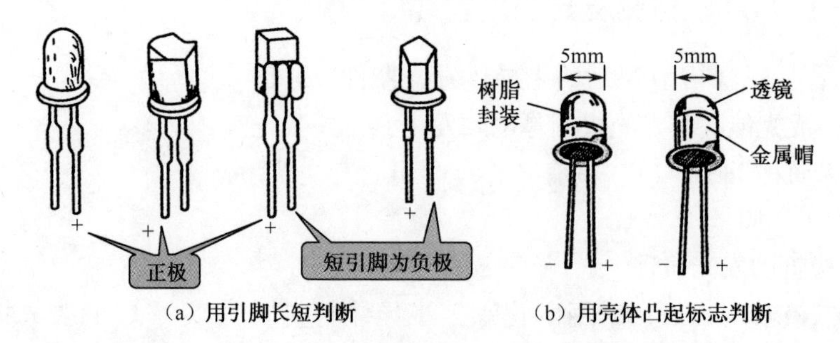

图 2-42　发光二极管引脚正、负极的判断

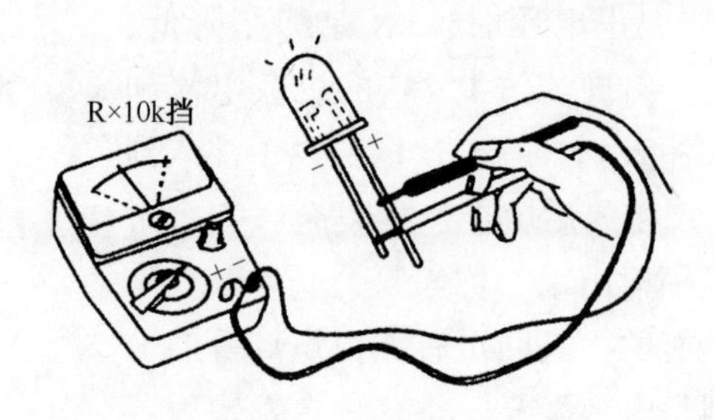

图 2-43　检测发光二极管的好坏及正、负极判别

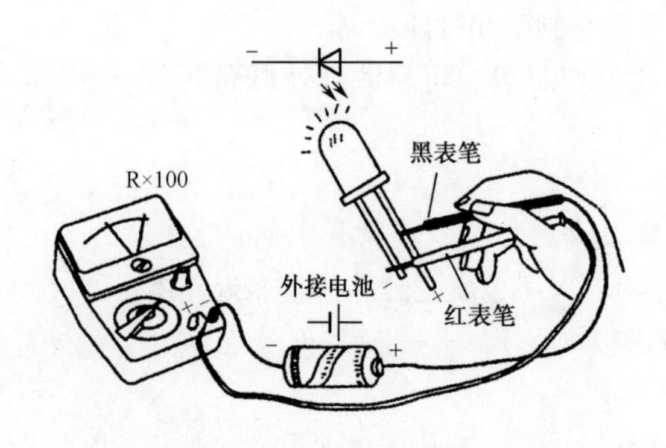

图 2-44　用万用表检测普通发光二极管

必要的告诫

【提醒读者】　在串接 1.5V 电池后，切勿将万用表拨

至 R×1 挡，以免管子因过流而烧坏。

2.3.15　半导体三极管的检测

半导体三极管简称三极管或晶体管。三极管发明于1946 年，是 20 世纪最重要的发明之一，它的应用极大地推动了电子技术的发展。

1. 半导体三极管的检测原理

三极管是电流放大器件

按照构成 PN 结的半导体材料的不同，三极管分为硅（Si）管和锗（Ge）管两大类，按照结构上的不同分为 PNP 型和 NPN 型两类。不管是 PNP 型还是 NPN 型，它们均有发射区、基区和集电区三个区，在三个区的两两交界处形成发射结和集电结，并引出发射极 e、基极 b 和集电极 c，如图 2-45所示。根据 PN 结正向电阻小、反向电阻大的特点，可判别出三极管的基极及类型。

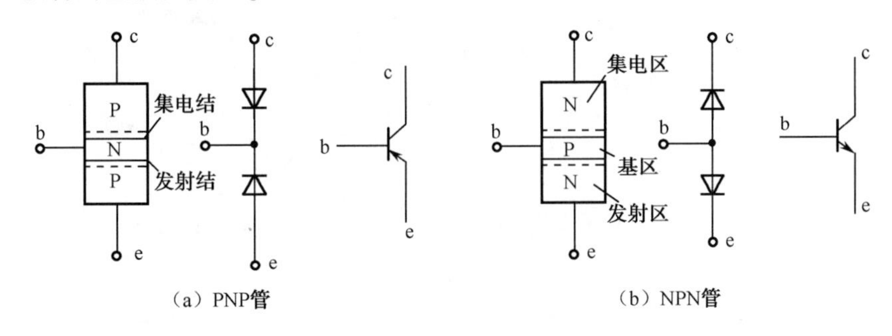

图 2-45　三极管的结构示意图及电路符号

放大原理

三极管是一种电流控制型器件，具有电流放大作用，其实质是通过很小的基极电流 I_b 的变化去控制集电极电流 I_c 的较大变化，即 $I_c = h_{FE}I_b$，$I_E = I_c + I_b$。通常使用的三极管具有放大作用，所加的电源电压必须遵守规定：三极管的发射结必须加正向偏置电压，集电结加反向偏置电压，且反向电压高于正向电压的 2 倍以上。

2. 用万用表判别三极管的引脚及管型

1）先找出基极 b

如何判别三极管的管型和引脚极性

根据 PN 结正向电阻小、反向电阻大的特点，辨认出三极管的基极及管子属于何种类型（PNP 型或 NPN 型）。然后将万用表拨至 R×1k 挡（或 R×100 挡），并进行欧姆挡调零。将万用表的黑表笔接在待测管子的任一个引脚上，红表笔可分别搭接在另外两个引脚上，如图 2-46 所示。如果两次测得的阻值均为低阻值，则说明两个 PN 结均处于正向偏置，黑表笔接表内电池的正极，它肯定接在三极管的 P 区，红表笔接表内电池的负极，两次测试都正好接在了三极管的 N 区。由此可判断出被测管应为 NPN 型，且黑表笔所接的引脚就是基极，在此引脚上做一标记 b。如果通过上面的测试得不到上述的结果（低阻值），可将黑表笔换接到另外一个引脚上，并按上述方法测量，直到找出基极。

先找出 b 极

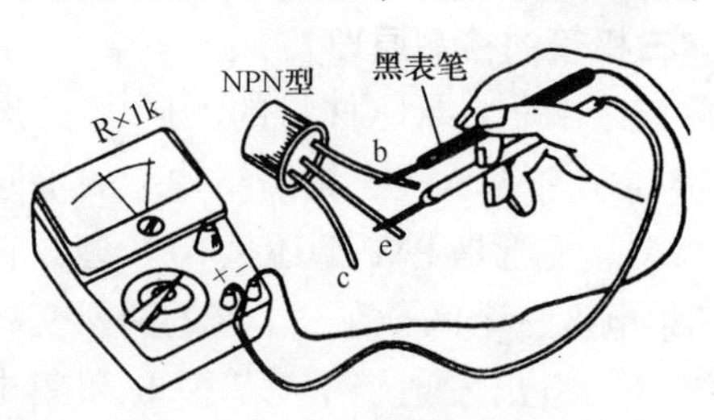

（a）表笔搭接b、e极

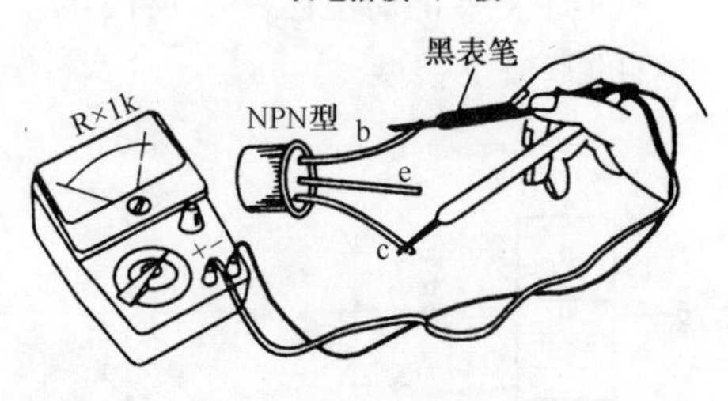

（b）表笔搭接b、c极

图 2-46　用万用表判别 NPN 型管基极引脚

测 PNP 型三极管

将万用表的红表笔固定搭接在被测三极管的一个引脚上，黑表笔依次搭接在另外两个引脚上，如图 2-47 所示。如果测得的阻值均为低阻值，则根据同样的道理就可判定被测管是 PNP 型，且红表笔接触的引脚就是基极 b。

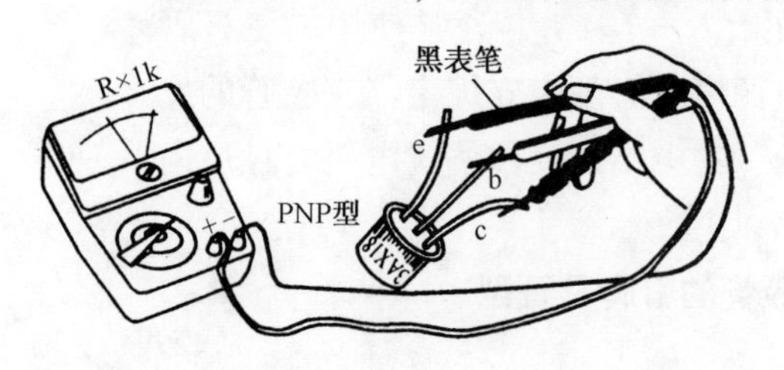

图 2-47　用万用表对 PNP 型管进行引脚判别

2）测试查找发射极 e 和集电极 c

再找 e、c 极

对于 PNP 型管，假设除基极 b 外的任一引脚为集电极 c，用红表笔接 c 极，黑表笔接另一引脚，如图 2-48 所示。这时，万用表的指针几乎不动（若指针摆幅大，则说明该

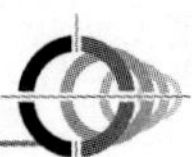

管的热稳定性差；若指针指向“0Ω”，则说明该管的 c 极与 e 极间已击穿)。然后，将手指弄湿（蘸点水），用拇指和食指捏住红表笔和假设的集电极，而中指搭接基极 b，目的是通过人体电阻（90～110kΩ）给三极管注入基极偏置电流，使管子导通。这时，表针摆动，指示减小，记下稳定后的电阻值。然后，假设另一引脚为集电极，重复上述测试过程，并记下电阻值读数。比较两次测量的电阻值的大小，其中测得电阻值较小的那一次假定的集电极 c 是正确的，即那次的红表笔搭接的是集电极引脚，另一引脚就是发射极引脚。

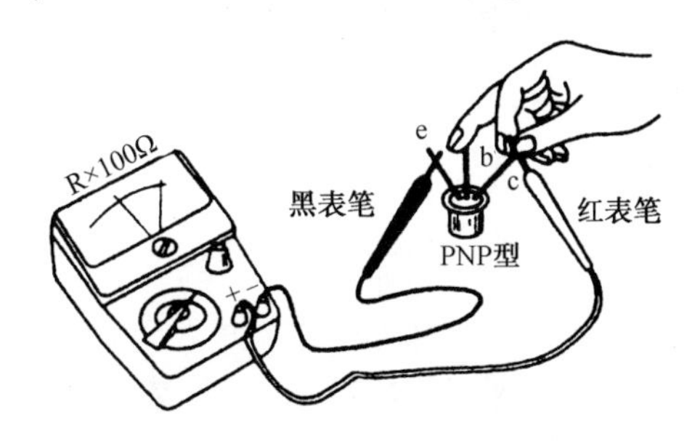

图 2-48　用万用表测试查找集电极和发射极

对于 NPN 型管，其测量方法同上，所不同的是用黑表笔搭接的引脚为集电极，红表笔搭接的是发射极，即将红、黑表笔对调一下，参照上述测 PNP 型管的方法并判别即可。

测 NPN 型管，应将红、黑表笔对调测之

说明：上述判断三极管的 c、e 极是利用万用表内的电池电源（1.5V）给管子建立工作电压而进行判断的，即被测三极管是在低电源电压下进行测试的。这种测试查找方法较适用于小功率三极管。此外，在测量锗三极管时，万用表电阻挡最好选在 R×100 挡（或 R×10 挡），在测量硅三极管时，万用表宜选在 R×1k 挡。

3. 三极管电流放大倍数 h_{FE}（$\bar{\beta}$）的测量

1）电流放大倍数 h_{FE}（$\bar{\beta}$）的估测

测 PNP 型三极管时，按图 2-49 所示方法将表笔接好。将万用表置于 R×1k（或 R×100）挡，红表笔接集电极 c，黑表笔接发射极 e，记下万用表指针指示的数值。然后，按图 2-49 所示方法在 c 极与 b 极间连接一只 100kΩ 的电阻，若表的指针向右摆动，且摆幅很大，说明这只管子的放大倍数 h_{FE}很大。如果接入 100kΩ 电阻后表的指针几乎原位不动，则表明管子的放大能力很差。在三极管的 e、b 极间接入 100kΩ 电阻，相当于给管子设置了一个基极偏置电阻，

以 NPN 型管为例说明

如图 2-49（b）所示。

对于 NPN 型管，估测方法与 PNP 型管类同，将红、黑表笔对调即可。

若万用表无 h_{FE} 挡，可估测之

用图 2-49 所示的电路只能对三极管的 h_{FE}（$\bar{\beta}$）进行估测，即指针摆幅越大，表明三极管的放大倍数 h_{FE} 越大。

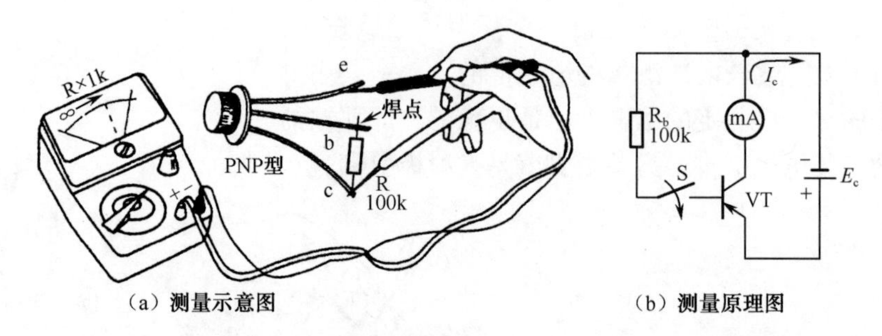

图 2-49　三极管电流放大倍数 h_{FE}（$\bar{\beta}$）的估测

2）用指针式电压表测量三极管的 h_{FE}（$\bar{\beta}$）

将万用表（图示为 MF－47 型）先置于“ADJ”挡进行调零，然后置于“h_{FE}”挡，对待测的三极管先分清是 NPN 型管或 PNP 型管，然后将三极管的 b、e、c 极先后插入万用表的相应测试插孔中，则万用表会迅速指示出该管的 h_{FE} 值（图示 h_{FE}＝150）。测量示意图如图 2-50 所示。

后期生产的万用表都有测量 h_{FE} 挡，可直接测 h_{FE}

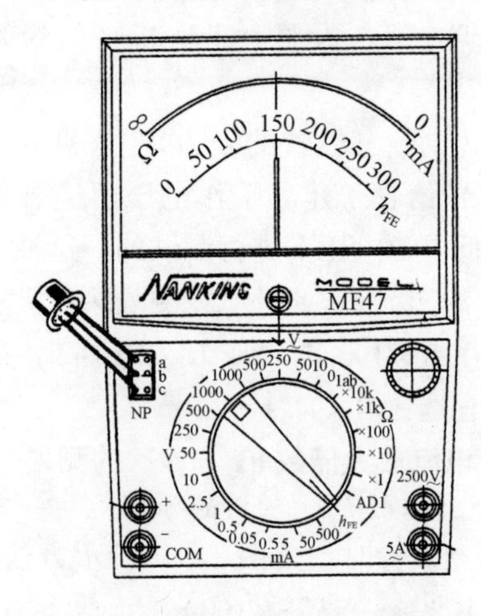

图 2-50　用指针式万用表测量 h_{FE}

2.4　指针式万用表的使用注意事项及用后维护

要点

万用表用途广泛、使用便捷，是一种广受欢迎的大众仪表，使用人员多，且使用次数频繁。使用者应按正确的方法

操作，若稍不注意，轻者会出现测量值不准、损坏元件，重者会烧坏表头，甚至发生触电事项，危及人身安全。

1. 指针式万用表使用注意事项

(1) 初学者或换用新型表时，应仔细阅读使用说明书，对照表的面板图和刻度盘，熟悉每个旋钮、转换开关、接线柱和插孔等的功用，了解表盘上每条标尺刻度所对应的被测量，熟悉正确读数（或换算）方法。

万用表使用细则

(2) 万用表在每次测量前，应仔细核对转换开关的位置是否合乎测量要求，应根据不同的测量对象，将测量选择开关转换到正确的位置，以免损坏万用表。

(3) 选择测量量程时，应大致了解被测量的范围。若事先无法估计被测量的大小，应尽量选择大的测量量程，再根据被测量的实际值，逐步切换到合适的量程。

选择合适的量程

(4) 指针式万用表使用前应检查表的指针是否在机械零位，若不在零位，应调整表头正面的机械调零旋钮，使指针回零。

机械调零

(5) 指针式万用表测量电阻时，将选择开关转换到电阻挡后，将两测量表笔短路，旋转欧姆调零旋钮，使指针指在0Ω。每变换一次电阻挡，都应重新调节欧姆调零旋钮，使指针指在0Ω，否则所测结果不准确。同时应注意此时黑表笔的电位高于红表笔，在判断晶体管极性或测量电解电容器等有极性的元件时，不能搞错。

“Ω”调零

(6) 测量电流时，应将万用表串联在被测电路中。测量直流时，必须注意极性不能接反。红色表笔一端插入标有“+”号的插孔，另一端接被测量的正极：黑色表笔一端插入标有“-”号的插孔，另一端接被测量的负极。若将表笔接反，容易损坏万用表内部元件，指针万用表的表针会反偏碰弯。

测电流注意事项

(7) 测量电压时，应将万用表并联在被测电路的两端。指针式万用表测量直流电压时，正负极不可接反。如果误用交流电压挡去测直流电压，由于万用表的接法不同，读数可能偏高一倍或者指针不动；若误用直流电压挡去测交流电压，则表针在原位附近抖动或根本不动。

测量电压

(8) 严禁用欧姆挡或电流挡去测量电压，否则会使仪表烧毁。

(9) 严禁在测高压或大电流时带电旋动转换开关，以防产生电弧，烧损内部元件。

严禁带电旋动转换开关

测量高压注意事项

（10）测量 1000V 的电压时，先将黑表笔接在低电位处，然后再将红表笔接在高电位上。为安全起见，应两人一起进行测量，其中一人监护。测量时，必须养成单手操作习惯，确保人身安全。

2. 使用指针式万用表后的维护

万用表的日常维护

（1）万用表使用完毕，应将转换开关旋到最高电压挡或“OFF”挡位，以防下次开始测量时不慎烧毁仪表；并拔下表笔放入盒中。

（2）平时，万用表应保持干燥、清洁，严禁震动和强力冲击。

长期不用，要取出电池

（3）万用表长期不用时，应把电池取出，以防日久电池变质渗液，损坏仪表。

（4）长期存放的万用表，宜存放在环境干燥、温度适宜且无强磁场、无腐蚀性气体的场所。

相关知识

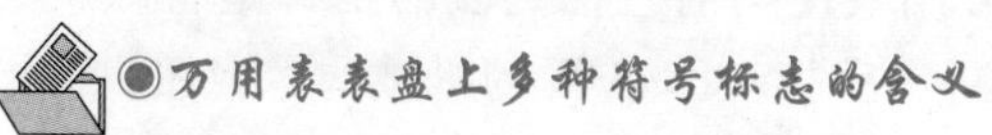

◉万用表表盘上多种符号标志的含义

在万用表的表盘上，印有各种符号，它们表示的内容如表 2-3 所示。

表 2-3　万用表表盘符号及其意义

符　号	意　义	符　号	意　义
①	磁电式带机械反作用力仪表	Ⅳ ⑦	四级防外磁场
②	整流式仪表	⑧	仪表水平放置
③	交直流两用	⑨	仪表垂直放置
④	磁电式一级防外磁场	2 ⑩	表示仪表能经受 50Hz、2kV 交流电压历时 1min 绝缘强度试验（星号中的数字表示试验电压千伏数；星号中无数字表示 500V，星号中为 0 时表示未经绝缘强度试验）
Ⅱ ⑤	二级防外磁场		
Ⅲ ⑥	三级防外磁场	25 ㉕ ⑪	准确度等级。此例表示直流测量误差小于满刻度的 2.5%

同步自测练习题

1. 万用表可分为指针式万用表和数字式万用表，两者在其电路结构和显示方式上有什么显著不同?

2. 交流电压的基本参数有哪些?

3. 什么是有效值、均方根值和振幅值? 它们之间有什么关系?

4. 指针式万用表有机械调零和欧姆调零，如何调整?

5. 用万用表测量直流电流的基本工作原理是什么?

6. 图 2-51 所示的直流微安表的内阻 $R_g = 3750\Omega$，允许流过的最大电流 $I_g = 40\mu A$。若用此微安表制作一个量程为 500mA 的电流表，问需并联上多大的分流电阻?

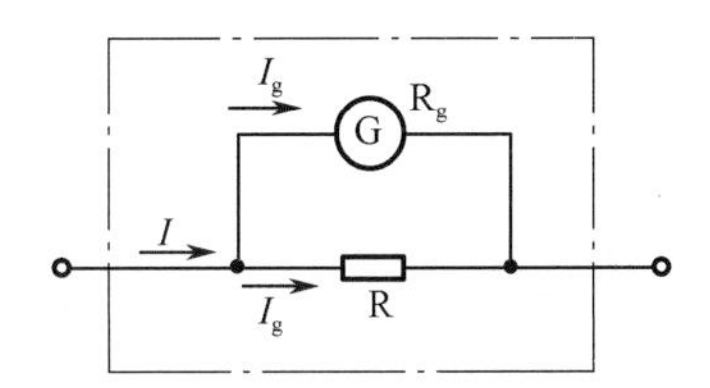

图 2-51　扩大电流表量程的原理图

7. 一个待测信号电压约为 10V，如何正确放置指针式万用表电压量程开关的位置，才测量精确?

8. 用万用表测量直流电流时，有什么规律可循?

9. 用万用表测量直流电压时，有什么规律可循?

10. 在用万用表测量交流电压时，为什么先对交流电压进行直流变换?

11. 用万用表测量交流电压时，有什么规律可循?

12. 用万用表测量电阻阻值时，有什么规律可循?

13. 为什么测电阻时，每次换挡都要重新调零?

14. 为什么 MF－47 型等万用表的刻度盘上单独有一条 AC 10V 标尺刻度线?

15. 什么是分贝（dB）测量? 用万用表如何测量?

同步自测练习题参考答案

1. 答 指针式万用表采用磁电式微安作指示器，以指针偏转大小指示被测量值的大小；数字式万用表是模拟量用 A/D 转换器转变为数字量，并在显示屏上直接显示被测物的数值。

2. 答 描述交流电压的基本参数有峰值、平均值、有效值和波形系数、波峰系数。

3. 答

1）有效值

它是根据电流的热效应来规定的，即让交流电和直流电通过同一个纯电阻负载，若它们在同一时间内产生的热量相等时，就把一直流电的量值 U 叫作这一交流电的有效值，U 表示为

$$U = \sqrt{\frac{1}{T}\int_0^T u^2(t)\,\mathrm{d}t} \tag{2-7}$$

式（2-7）右侧是均方根关系式，故在数学上，有效值与均方根是同义词。当说一个交流电压

是多少伏时，例如，市电 AC 220V 是指它的有效值为 220V。

2）均方根值

与有效值为同义词，为式（2-7）的右侧式。

3）振幅值 U_m

对于交流电压，U_m 即振幅的最大值，振幅值 U_m 和有效值 U 之间有如下关系

或
$$\left.\begin{aligned} U_m &= \sqrt{2}U \\ U &= U_m/\sqrt{2} = 0.707U_m \end{aligned}\right\} \tag{2-8}$$

对于不含直流分量的正弦波交流信号来说，其振幅值等于峰值，且正、负峰值相等。

在各种电气设备的铭牌上所标的额定电压，即为有效值。一般交流电压表测得的数值，也都是有效值。

4. 答 指针式万用表的零位调整分机械校零和欧姆调零。

机械校零：在万用表接通电源之前，将红黑表笔短接，若表针不指在刻度盘电压刻度线（第 2 条刻度线）的“0”位（或欧姆刻度线的“∞”刻度处），则说明电表的机械零位没有调准。此时，应用螺旋刀调节表头的机械调零旋钮，使指针准确指在零位，以消除表头的误差。

欧姆调零：根据万用表测量电阻的原理图见图 2-15，欧姆挡之所以有不同的几个量程，是因为每挡串接的被测电阻 R_x 有不同的阻值。调零时，应将红、黑表笔短接，此时，干电池、表头的内阻 r_0、固定电阻 R_1 和 R×1 挡的电阻 R_x 构成串联电路，流过表头线圈的满度电流恰好对应于欧姆挡（即表头第一条刻度线）的零位指示。

当欧姆挡由 R×1 挡向 R×10 挡、R×100 挡、R×1k 挡、R×10k 挡改变时，由于各挡外接的电阻 R_x 的阻值由小变大，而供电的电池固定不变，于是表头的端电压会逐次降低，电流便随之逐次减小，导致表针不能偏转到零位。因此，每次换挡测电阻时，应重新调零，以确保测量准确、减少测量误差。

欧姆调零时，用螺丝刀轻轻转动，将表针调到欧姆刻度线的“0”位即可。

5. 答 指针式万用表采用磁电式微安表作为指示器，磁电式电流表只能测量直流电流。在微安表表头并联不同阻值的电阻，即可构成具有不同量程的直流电流表。万用表中的直流电流测量线路，实际上是一个多量程分流器，通过转换开关的转换改变分流器的阻值，从而达到改变量程的目的。读者请参看图 2-10 所示的直流电流测量电路，弄清直流电流的基本测量原理。

测量直流电流电路是万用表测量交流电流、交流电压等参量的基础电路，不管测量什么电参量，通过万用表表头的必须是一定量值的直流电流！

6. 答

【解题提示】 这是一个将小容量的磁电式微安表扩大量程的问题：图 2-51 所示的微安表允许流过的最大电流为 40μA，若用它测量大于 40μA 的电流势必将该表损坏。采用并联电阻 R 的方法可扩大表的量程至 500mA，而流过微安表表头的最大电流仍不超过 40μA，其余电流让其从并联电阻中流过。

答 由
$$U_g = I_g R_g = (I - I_g)R \tag{2-9}$$

式中，R_g 为微安表的内阻；I_g 为流过表头的最大电流，$I_g = 40\mu A$；R 为扩容时并联表头的电阻；I 为扩容后的电流，$I = 500\mu A$。

由式（2-9）得

$$R = \frac{I_g R_g}{I - I_g} = \frac{40 \times 10^{-6} \times 3750}{500 \times 10^{-3} - 40 \times 10^{-6}} = 0.3\ (\Omega)$$

答：将 40μA 微安表扩大量程为 500mA，需在表头上并联一只 0.3Ω 的电阻。

7. 答 一个待测信号电压约为 10V，若将万用表的量程开关放在“10V”挡上或“30V”挡上，则两挡测得的准确度会不同。

由于电表的准确度是用读数中最大的误差电压与满度电压的比值表示的。设定电压表的准确度是 ±2.5%，这就意味着在其量程的任何点上的最大误差电压是满度电压的 ±2.5%。若在“10V”挡上测，其最大误差电压是 10V ×（±2.5%）= ±0.25V；而在“30V”挡上测，则是 30 ×（±2.5%）= ±0.75V。显然，将量程范围开关放在“10V”挡上测，其测量准确度高。

8. 答 用万用表测量直流电流时，有以下规律。

（1）万用表中的直流电流测量线路，实际上是一个多量程分流器。测电流前，应先估计被测电流的大小，然后转动量程开关置于合适的电流挡。

（2）将被测的电路点断开，红表笔接断口的高电位处，黑表笔接断口的低电位点，即将万用表串接入电路中。

（3）用万用表测直流电流时，需要对微安表并联电阻以进行分流，测量的电流越大，则分流支路的电阻越小。因此会导致万用表内部的电阻变小。

9. 答 用万用表测量直流电压时，有以下规律。

（1）测量被测电路的直流电压时，万用表应与被测电路并接，即将红表笔接在被测电路的高电位处，黑表笔则接在低电位处。

（2）用万用表测量直流电压时，需将万用表内部的微安表串联限流电阻，测量的电压越高，则要求限流电阻的阻值越大。因此，在选用高电压挡测量时，万用表内部的电阻会很大。

（3）测电压前，应先估计被测电压有多大，以选择合适的量程挡位。若难以估计电压值，则应从高压挡向低压挡过渡测量。

（4）在测量 1000V 以上电压时，必须使用专用测高压的绝缘棒和引线。测量时，应先将接地棒接在负极，然后用单手将另一绝缘棒接在高压测量点上，以确保人身安全。

10. 答 用万用表测量交流电压时，先对交流电压进行直流变换的理由如下：

万用表的表头采用的是高灵敏度的磁电式机构，是一个直流微安表。因此，在测量交流电压时，首先应把交流变换成直流。交流变换为直流，通常采用半波整流器或全波整流器。输入的交流信号进行整流后，其直流信号通过限流电阻再与微安表串联，因此，万用表中的交流电压测量线路，实际上是一个多量程的整流式交流电压表的电路。半波式和全波式整流电路，请参见图 2-8。

11. 答 用万用表测量交流电压时，有如下规律。

(1) 测量交流电压时，应将万用表与被测电路相并接。基于交流电压是随时变化的，故万用表的红、黑表笔可以任意接在被测电路的两端。

(2) 量程的选择：应根据被测信号值的大小选择量程。若不知被测信号的大小，可先选大量程，逐步减小到合适的量程。由于电压表的测量误差主要是示值误差。因此，量程的选择，应以读数的指示值最大为原则。

(3) 测量交流电压时，万用表内部需要整流电路，还需要用串联电阻限流。测量的电压越高，则要求限流电阻越大，电流表才不会被损坏。

12. 答 用万用表测量电阻阻值时，有如下规律。

(1) 由于电阻本身不会提供电流（或电压），所以在测量电阻时，万用表内部的电池必须接上（在测电压或电流时，电池处于断开状态，由挡位选择开关决定）表内的电阻测量电路。

(2) 当挡位选择开关置于电阻挡时，万用表实际上就是一个带电池的多量程的欧姆表电路。此时的红表笔接万用表内部的电池负极，黑表笔接电池的正极。

(3) 在测电阻时，若被测电阻 R_x 的阻值小，回路的电阻也小，流经电流表的电流大，表针的摆幅大，则指示的阻值就小。这一点正好与测电压、电流相反，故万用表刻度盘上的电阻刻度线数值大小标注，与电压、电流刻度线数值大小标注正好相反。若被测电阻 R_x 的阻值很大，则流过电流表的电流就很小，表针摆动幅值也相应很小。

13. 答 根据万用表测量电阻原理电路图 2-14 和分压式零欧姆调零电路图 2-15 可知，欧姆挡之所以有不同的几个量程，是因为每挡串联有不同阻值的电阻。由于每挡串联电阻的阻值都不相同，当将欧姆挡由 R×1 挡逐次变到高阻挡 R×10k 挡位时，由于各挡所接的电阻阻值由小增大，而表内的电池电压基本不变，于是表头的端电压逐渐降低，电流随之减小，导致表针再不能偏转到零位（原装万用表在出厂时，已将 R×1 挡调零）。若不重新调至零位，势必造成测量误差。因此，在测电阻前和换挡后，都需要重新调零。

若调节欧姆调零旋钮，表针不能调节到欧姆零位，说明万用表使用时间过长，电池消耗过多，导致电压太低，不符合使用要求，应更新电池。

14. 答 在有些万用表（包括 MF－47 型表）的刻度盘上，单独设置了一条 AC 10V 挡刻度线，其目的在于提高交流（AC）小信号（即交流低压挡）的测量准确度、减小误差。

我们已经知道，万用表的表头为磁电式测量机构，只适用于测量直流。为能测量交流电压，故表内测量线路加装了半波式或桥式整流电路，将交流变为平均值，再以其有效值形式对其进行测量。

由于组成整流器的二极管的非线性，低电压挡（即小信号区）的分压电阻阻值很小，与整流元件串联时，表头分压受整流元件阻值变化的影响大，致使刻标尺的起始段的刻度很不均匀；而高电压挡（大信号区）的分压电阻阻值较大，整流元件的非线性对表头的影响仍处在测量误差允许范围之内，因此仍可借用直流电压挡的刻度线进行测量。

综上，由于交流低压挡（小信号区）时整流元件的非线性，对表头的标尺的均匀性影响大，不能和直流电压挡再共用一条标尺刻度，而单独设计了一条 AC 10V 挡专用刻度线，这大大提高了交流小信号的测量准确度。

15. 答 万用表的表盘上一般都有分贝（dB）的标度尺。如果想知道放大器（或衰减器）音频信号的大小，可用万用表来测量音频电平。在书中2.3.11节式（2-4）已列出音频电平与功率 P 和电压 U 之间的关系，即

$$电平\ S = 10\lg\frac{P_1}{P_2} = 20\lg\frac{U_2}{U_1}\ (\mathrm{dB}) \tag{2-10}$$

当测得的音频电平 S 为正值时，说明音频信号高于0.775V，表示放大；若音频电平 S 为负值时，说明音频信号低于0.775V，表示衰减。需要说明的是：电平的正或负，是以0分贝（即零电平）作为判别标准的，即电平0dB＝0.775V。读者请参看书中式（2-5）及相关说明。

$$零电平电压\ U_0 = \sqrt{P_0 Z} = \sqrt{0.01\ (\mathrm{W})\ \times 600\ (\Omega)} = 0.775\mathrm{V} \tag{2-11}$$

在设定一个零电平作为计算电平的标准后，电平值的测量实际上就是对电压的测量，仅是将原电压示值取对数后在表盘上以分贝值标定而已，即增加了一条电平标尺，见图2-35。

因此，电平的测量线路就是万用表中的交流电压的测量线路。测量电平时，若使用万用表的交流电压10挡时，则分贝值可在分贝的标尺上直接读取，见图2-35。若被测电平较高，超出了10V挡量程，可根据不同量程挡将测量结果加上附表中相应值即可。例如，若将量程放在50V挡测得的分贝数为15dB，则应再加修正值14dB，即15＋14＝29dB。

音频电平测量示意图请读者参见图2-36，不重述。

第3章

数字式万用表

本章知识结构

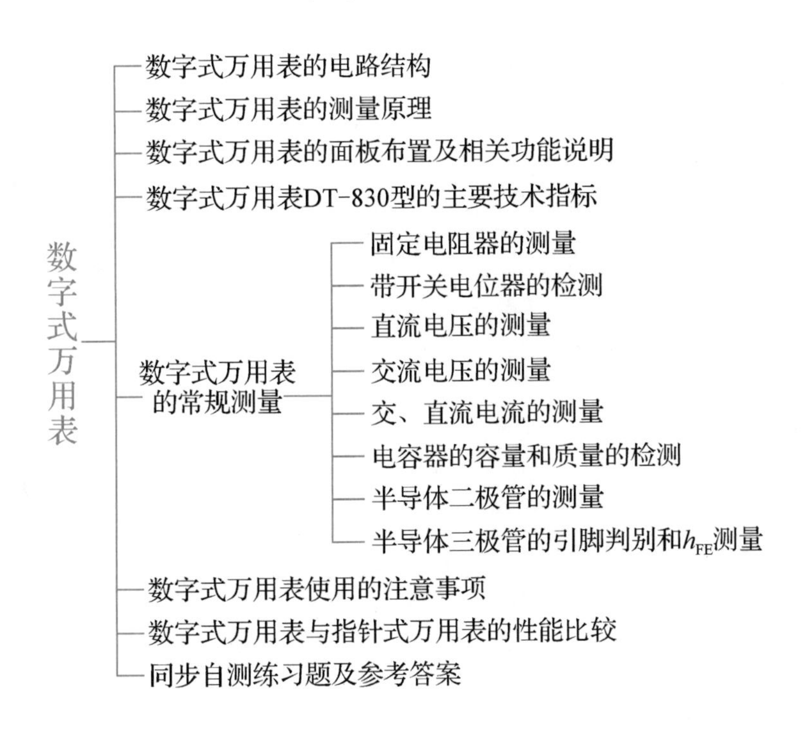

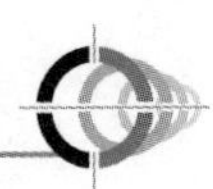

3.1 数字式万用表的电路结构、测试原理及技术特性

要点

数字式万用表是一种数字化电子测量仪表，它由直流数字式电压表扩展而成，采用 LCD（或 LED）显示屏作为测量显示，具有输入电阻高，测量准确度高，功能强，测量范围宽，测量速度快，读数显示准确、直观，体积小，重量轻，抗电磁干扰能力强，便于携带等优点。

常用型号

数字式万用表按外形结构可分为台式、便携式和袖珍式，其中后两种最为常见。常用的便携式和袖珍式万用表有 $3\frac{1}{2}$位、$4\frac{1}{2}$位，其中最普及的是 $3\frac{1}{2}$位数字式万用表，常见的型号有 DT-1 型、DT-2 型、DT830 型、DT840 型、DT890 型、DT920 型、DT940 型等。

3.1.1 数字式万用表的电路结构及测试原理

1. 数字式万用表的基本结构

数字式万用表的核心部件是直流数字电压表（DVM）。可以说，它是直流数字式电压表与各种转换器的组合体。图 3-1是数字式万用表的电路结构框图。

电路结构

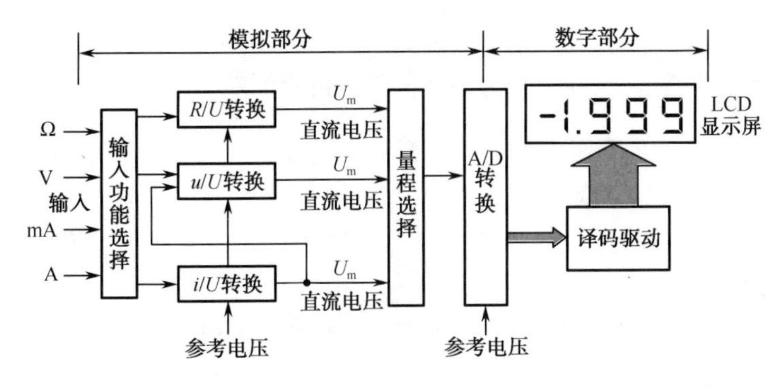

图3-1 数字式万用表的电路结构框图

对于输入的各种模拟量（随时间连续变化的信号），先转换成直流电压 U，由 A/D（模拟/数字）转换器转换成数字量，再由显示屏显示测量值。选用不同的 A/D 转换器，就可构成不同类型的数字式万用表：比较型、积分型、V/T 型和复合型，这几种类型的 A/D 转换器构成的数字式万用表各有特点。目前，用得较多的是积分型电压表，它具有较高的准确度和分辨率，电路较简单。

积分型 A/D

A/D 转换器的型号很多，均使用中、大规模 CMOS 型集成电路，常见的型号有 CC7106/7107/7116/7126/7136，为双积分型 $3\frac{1}{2}$位 A/D 转换器；还有分辨率和准确度更高的 $4\frac{1}{2}$位 A/D 转换器，如 CC7129/7135 型等。这些 A/D 转换器还具有能直接驱动液晶显示器（LCD）的显示逻辑电路。

2. 数字式万用表的测量原理

数字式万用表测量原理

数字式万用表测量的基本量是电压。测量时，由功能选择开关把被测的电流、电阻和交流电压等各种输入信号分别通过相应的功能变换，变换成直流电压，按照规定的路线送到量程选择开关，再把限定的直流电压加到模数（A/D）转换器，经显示屏显示。数字式万用表实质上就是在直流数字式电压表的基础上，加装一定的变换装置构成的。这种变换器装在直流数字式电压表内，通过转换开关变换。因为数字式万用表内部用集成电路转换，又扩展出许多功能，能测量电容量、电源频率等。

数字式万用表的优点

数字式万用表采用了数字显示、电压表头，它的内阻比指针式万用表高得多，因此，它精度高、用途广、使用简便，被人们广泛应用于各种测量。

3.1.2 数字式万用表的面板布置

数字式万用表的种类多，型号更多，但其基本电路结构和使用方法大体类同。DT-830 系列数字式万用表是一种普及型万用表，它具备了指针式万用表的基本功能，操作方便，但性价比高，广泛用于电气维修行业。下面以常见的 DT-830 型数字式万用表为例进行说明，图 3-2 是 DT-830 型数字式万用表的面板图。

数字式万用表的组成

由图 3-2 可见，数字式万用表主要由液晶显示屏、电源开关、挡位选择开关、按键、h_{FE}插口和各种插孔组成。

1. 液晶显示屏（LCD）

LCD

测量时，依靠液晶显示屏显示被测物的量值大小。显示屏采用液晶 EF 型，可显示 $3\frac{1}{2}$位 LCD 数字，最大显示为“1999”或“－1999”，即可显示 4 位数字和 1 个小数点“.”，有自动调零（小数点的位置会自动改变）和自动识别极性（“+”或“－”）的功能。

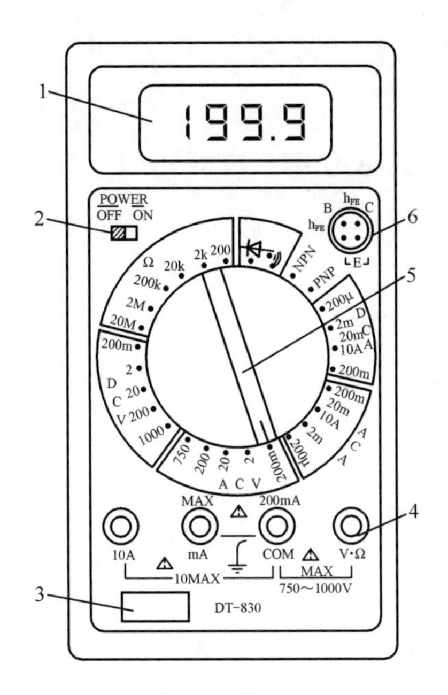

1—液晶显示屏；2—电源开关；3—铭牌；

4—输入插孔；5—量程开关；6—h_{FE}插口

图3-2 DT-830型数字式万用表

2. 挡位选择开关（量程开关）

在测量时，应将该开关置于相应的挡位。挡位有直流电压挡、交流电压挡、直流电流挡、交流电流挡、电阻挡、通断挡（蜂鸣器挡）、二极管挡和测三极管h_{FE}挡等。

3. 插孔

DT-830型有“COM”、“V·Ω”、“mA”、“10A”4个插孔。

（1）“COM”为公共插孔。不管测哪种电量，黑表笔都插入该插孔。

（2）“V·Ω”插孔为测量电压、电阻、线路通断和二极管时，将红表笔插入此孔。

（3）“mA”插孔为测交流或直流电流小于200mA的红表笔插孔。

（4）“10A”插孔为交、直流电流大于200mA，小于10A的红表笔插孔。

4. 电源开关

在电源开关上部标注有“POWER”字样，下面标有“OFF”和“ON”。开关置于“ON”，为接通电源，仪表通电；置于“OFF”时，切断电源，以免空耗电能。

5. h_{FE}插口

h_{FE}插口位于表的右上部，标注有“NPN”、“PNP”字样，旁边标有“E”、“B”、“C”三个电极字符，用于测量NPN型或PNP型三极管。

3.1.3 DT-830型数字式万用表的主要技术特性

1. 供电电池的技术参数

以DT-830为例说明

DT-830型数字式万用表选用9V叠层电池供电，装在背部下方标注有“OPEN”标识字样处。打开电池盒，可见盒内有用于过流保护的嵌入式0.5A熔断器（FU）。叠层9V电池可供总电流2.5mA，整机功耗在17.5～25mW范围。万用表使用时间长以后，电池电压会下降，功耗也相应减小。通常，一节9V电池可连续使用200h；若断续使用，约为1年左右。若使用完毕及时断电（开关至“OFF”），使用时间会延长。

9V叠层电池

2. 直流电流和交流电流挡主要技术指标（见表3-1）

表3-1　直流电流和交流电流挡主要技术指标

测量项目	量程	分辨率	准确度	最大电压负荷
直流电流（DC A）	200μA	0.1μA	±（1.0%+2字）～±（2.0%+2字）	250mA有效值
	2mA	1μA		
	20mA	10μA		
	200mA	100μA		
	10A	10mA		700mA有效值
交流电流（AC A）	200μA	0.1μA	±（1.2%+5字）～±（2.0%+5字）	250mA有效值
	2mA	1μA		
	20mA	10μA		
	200mA	100μA		
	10A	10mA		700mA有效值

3. 直流电压和交流电压挡主要技术指标（见表3-2）

表3-2　直流电压和交流电压挡主要技术指标

测量项目	量程	分辨率	准确度	输入电阻
直流电压（DC V）	200mV	0.1mV	±（0.5%+2字）～±（0.8%+2字）	10MΩ
	2V	1mV		
	20V	10mV		
	200V	100mV		
	1000V	1V		

续表

测量项目	量程	分辨率	准确度	输入电阻
交流电压（AC V）	200mV	0.1mV	±（1.0% +5 字）	10MΩ
	2V	1mV		
	20V	10mV		
	200V	100mV		
	750V	1V		

4. 电阻挡的技术指标（见表 3-3）

表 3-3　电阻挡主要技术指标

量程	分辨率	准确度	最大开路电压	最大测试电流
200Ω	0.1Ω	±（1.0% +3 字）	1.5V	1mA
2kΩ	1Ω	±（1.0% +2 字）	750mV	0.4mA
20kΩ	10Ω			75μA
200kΩ	100Ω			7.5μA
2MΩ	1kΩ	±（1.5% +2 字）		0.75μA
20MΩ	10kΩ	±（2.0% +3 字）		75μA

5. 二极管测试和蜂鸣挡（通断挡）

二极管测试电压约为 2.4V，电流为 1 ±0.5mA，显示二极管正向压降的近似值。

蜂鸣挡（通断挡）

蜂鸣挡“))) ”，也称通断挡。开路电压 1.5V，测试电流为 1mA，当线路电阻小于 20 ±10Ω 时，蜂鸣器便发出蜂鸣声。

6. 半导体三极管 h_{FE} 挡

测试电压约为 2.8V，基极偏置电流约为 10μA，可测出的电流放大倍数在 5 ~900 范围。以测量 NPN 型三极管为例说明其测量过程。

h_{FE} 测试步序

（1）将量程开关置于“h_{FE}”挡；

（2）将待测三极管的 B、C、E 极对应插入 NPN 型的 B、C、E 插孔中；

（3）查看 LCD 显示屏上的数字为 175，则被测管的放大倍数为 175 倍。

7. 数字式万用表 DT-830 的测量范围与准确度

初涉电子测量的人，往往不注意各量程挡的测量范围，从而导致指针式仪表的指针打表（甚至打弯）、负荷过载；而数字式仪表会发生溢出或不显示的状况。对于测量准确度，初学者也往往不够重视。表 3-4 列出了 DT-830 的测量范围及测量准确度。

表 3-4 DT-830 的测量范围与准确度

测量项目	测量范围	测量准确度
直流电压 DC V	0.1mV～1000V	±（0.5%＋2字）～±（0.8%＋2字）
交流电压 AC V（RMS）*	0.1mV～750V	±（1.0%＋5字）
直流电流 DC A	0.1μA～10A	±（1.0%＋2字）～±（2.0%＋2字）
交流电流 AC A（RMS）	0.1μV～10A	±（1.2%＋5字）～±（2.0%＋5字）
电阻 Ω	0.1Ω～20MΩ	±（1.0%＋2字）～±（2.0%＋3字）
分辨力	1个字	

*：RMS 表示有效值。

知识链接

$3\frac{1}{2}$位、$4\frac{1}{2}$位与显示位数、量程范围的关系

数字式万用表的显示位数通常有$2\frac{1}{2}$位、3 位、$3\frac{1}{2}$位、$3\frac{2}{3}$位、$4\frac{1}{2}$位、$5\frac{1}{2}$位、$6\frac{1}{2}$位等。

$3\frac{1}{2}$位（3 位半）

一个$3\frac{1}{2}$位数字式万用表，常称为 3 位半数字式万用表。3 个整数位能显示 0～9 所有的数（个位、十位、百位）；$\frac{1}{2}$位为千位，但只能显示 0 和 1。因此，$3\frac{1}{2}$位数字式万用表的最大显示值是±1999（最高位数字为 1）。也就是说，标示量程（即量程范围）为 2000，实际显示的最大值为 2000－1＝1999，即标示量程减 1。

3.2 数字式万用表的常规测量及合理使用

要点

数字式万用表的种类繁多、型号各异，其技术性能和功能有所不同，但一般数字式万用表都能进行常规测量。常规测量主要包括直流电压和直流电流的测量、交流电压和交流电流的测量、电阻阻值的测量、线路的通断测量、二极管和三极管的测量。一些功能较全或性价比高的数字式万用表还具有测量温度、电容量和频率等功能。普及型 DT-830 型数

字式万用表能满足上面说的常规测量功能，下面以 DT-830 型为例说明各项常规测量的方法和步骤。

3.2.1　电阻和电位器的检测

1. 固定电阻的测量

（1）将黑表笔接 COM 测试插孔，红表笔接 V·Ω 测试插孔，如图 3-3 所示。

（2）将功能开关旋至 Ω 挡，选择适当的量程。

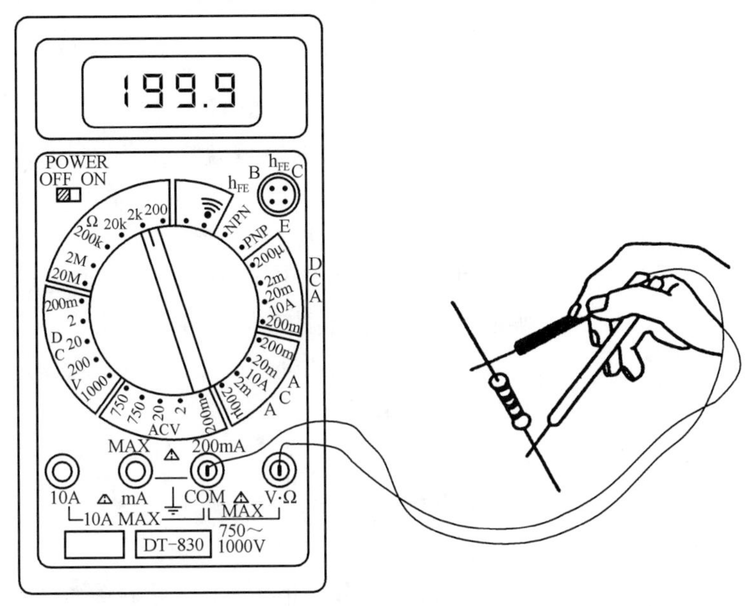

图 3-3　用数字式万用表测量电阻

（3）红、黑表笔接被测电阻的两端，液晶显示屏上便显示出电阻值。

测量注意事项

【提醒注意】　测量在线（带电）电阻时，必须断开电源，以防表头被损坏；若待测电阻与电解电容器并联，则应先对电容器放电，以免冲击电流流过表头。

2. 带开关电位器的检测

1）检查电位器的动臂与电阻体的接触是否良好

将黑表笔和红表笔分别插入数字式万用表的 COM 和V·Ω插孔，功能开关旋至 Ω 挡，如图 3-4 所示。缓慢转动电位器的动臂轴，显示屏上电阻数值应平稳地从小到大或从大到小变动；若表针呈跳跃式变动，说明动臂与电阻体接触不良。

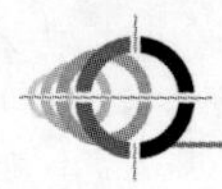

测量电位器

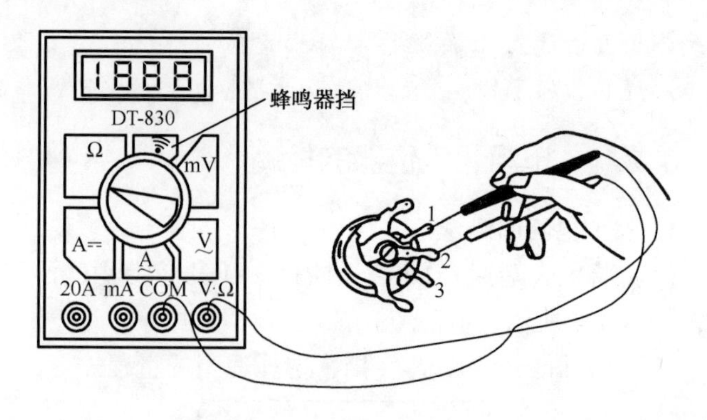

图 3-4　检测电位器动臂与电阻体的接触情况

2）测量电位器的标称值

当万用表的两表笔与电位器的两个定臂 1、3 分别相接时，显示屏上显示的数字应为电位器的标称阻值。

3）检查开关电位器的开关质量

检测开关好坏

两个表笔分别接开关电位器的开关接点 4 和 5，如图 3-5 所示。转动电位器的动臂，开关“开”时，显示屏应显示数字 0，开关“关”时，应显示电阻∞，多重复几次，查看其开关接触情况。

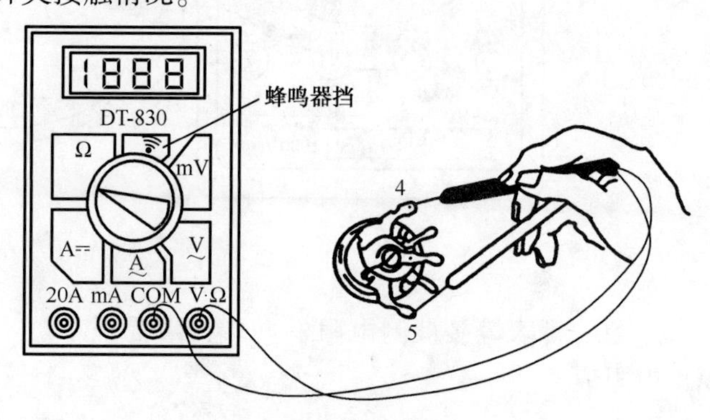

图 3-5　用万用表检查开关电位器的开关质量

3.2.2　测量直流电压

数字式万用表的输入阻抗比指针式万用表的高（一般高达 10MΩ 以上），故测量时对被测电路影响很小，测量精度高。

图 3-6 是用数字式万用表测量直流电压的示意图。将黑表笔插入 COM 测试插孔，红表笔接 V·Ω 插孔，把功能转换开关拨至“$\underline{V}$”段的相应电压挡（1000V）。两只表笔分别接被测电压的两端，便显示直流电压。

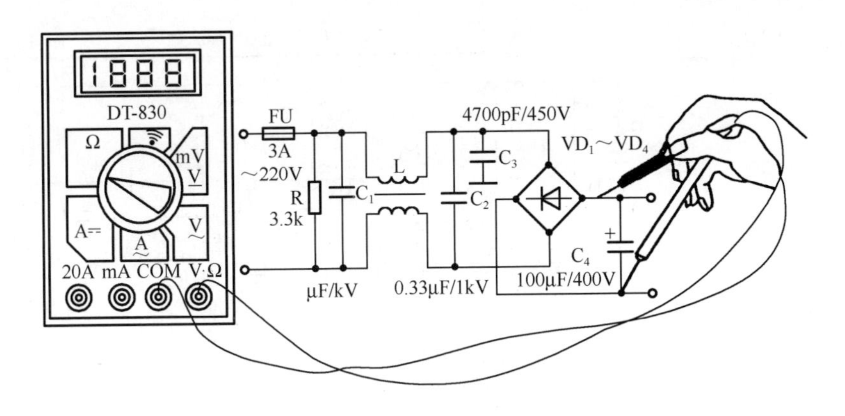

图3-6 用数字式万用表测量彩色电视机电源电压

测量交流电压时，请将功能开关旋至V挡（ACV），选择适当量程。如果被测电压大小不能确定，测量时应选最高挡量程。测量交流电压时，万用表的两表笔不分正、负极。

3.2.3 测量交流电压

（1）将黑表笔插入COM插孔，红表笔插入V·Ω插孔。

（2）将功能旋转开关旋至ACV（或V），选择适当量程。如果被测电压大小不能确定，应选择较高量程挡。

注意量程选择

（3）将红、黑表笔接到被测电路中，如图3-7所示。

测量交流电压时红、黑表笔不分正、负极，在显示屏上直接读出电压值。

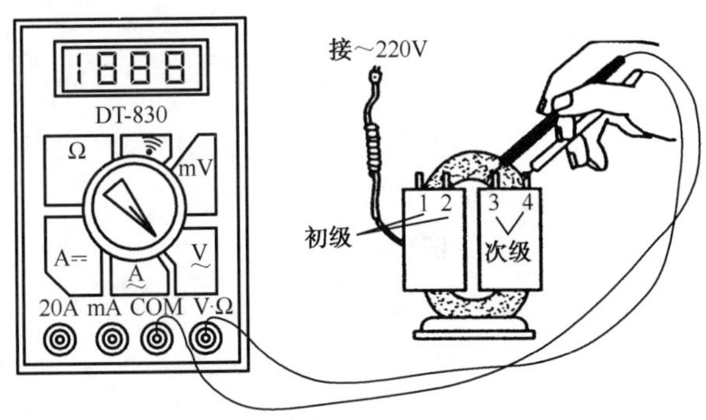

图3-7 用数字式万用表测量变压器次级绕组电压

3.2.4 测量交、直流电流

图3-8所示为万用表对两级中放所耗电流的测量。

在断口处测直流电流

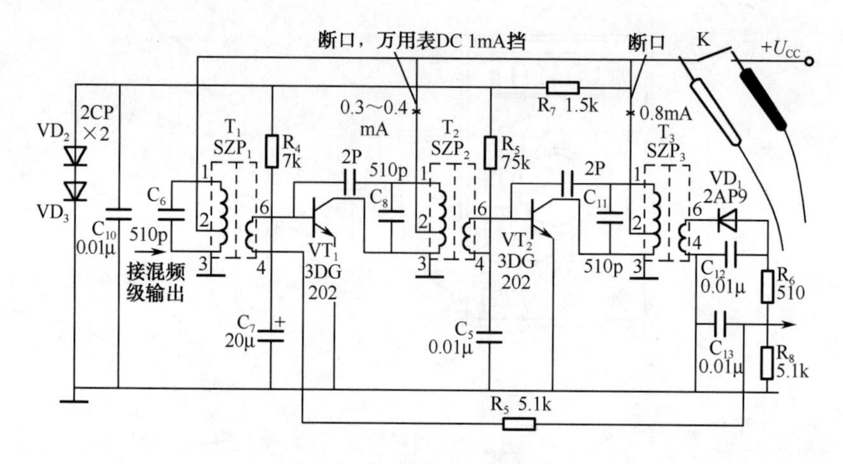

图3-8 两级单调谐中频放大器电路

选合适的电流挡，以确保测量精度

在测试之前，应根据电路的结构、所用三极管的管耗（是中功率还是小功率管）进行估算：若被测电流小于200mA（有的万用表定为300mA），应将红表笔插入mA孔，黑表笔插入COM孔；若被测电流大于200mA（或300mA），则应将红表笔插进10A孔。

对于交流电流的测量与直流电流类同。若难以估算被测电流的大小，则应从高量程开始测量，然后逐渐变更至低量程，以取得足够的测量精度。

显示屏上出现“-”的含义

将红、黑表笔串联在被测电路中，若红表笔没有接在线路断开点的正极，而是接在了负极，则显示电流值的前面会出现负号（即显示“-”）。

3.2.5 检测电容器的质量和容量

1. 用普及型（简易型）数字式万用表对电容器进行质量检测

早期生产的数字式万用表一般无检测电容器容量的功能，但可对电解电容器进行质量检测，检测方法如下。

（1）先对待测电解电容器进行短路放电，以免损坏电压表。

（2）将万用表置于蜂鸣器挡，红表笔接电解电容器的正极，黑表笔接负极，如图3-9所示。

（3）红表笔接V·Ω插孔，黑表笔插入COM插孔。这时会听到表内发出蜂鸣声，从其声音可判断电容器的质量。

听蜂鸣声判断质量

- 若蜂鸣器发声时间很短，显示屏上同时显示“1”，说明被测电容器的质量好。
- 若蜂鸣器响个不停，说明该电容已被击穿（短路）。

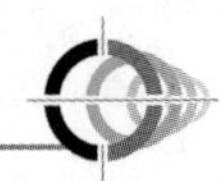

- 若蜂鸣时间较长，说明电容器的电容量较大。容量为100～2200μF的电解电容器，其蜂鸣时间约在零点几秒至几秒。

用蜂鸣器挡判断电解电容器的质量

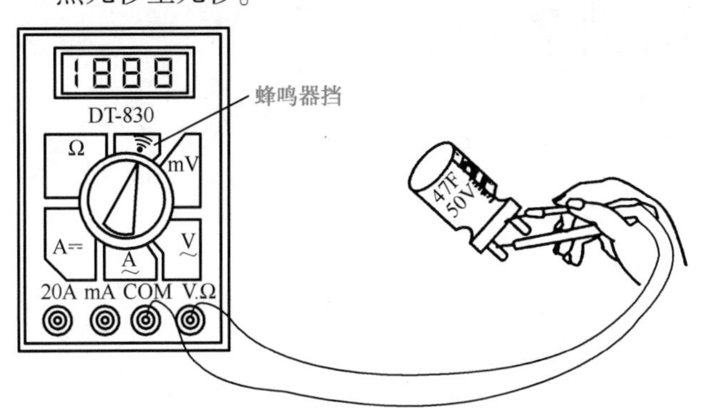

图3-9　用数字式万用表检测电解电容器质量

（4）对电解电容器进行漏电阻测量：将功能开关拨至Ω挡，用20MΩ（或2MΩ）量程进行测量。若漏电流大，则测出的漏电阻值小。通常，钽电解电容器远比铝电解电容器的漏电阻小。

2. 用有电容挡（CAP）的数字式万用表测量电容器

用这种万用表检测电解电容器的质量与普及型万用表的检测类同。测量电解电容器电容量的步骤如下。

用CAP挡

（1）对待测的电解电容器进行短路放电（尤其是刚从电路板上拆下的电容器）。

测前先放电

（2）将功能转换开关拨至CAP挡（或F挡），选择合适的量程，如2μF、20μF、200μF等。

选合适的量程

（3）将待测电解电容器插入专测电容的“CX”插孔，从显示屏上读取电容量（DT-9205A表的最大量程为220μF）。

（4）若显示屏上显示000，表明被测电容器已被击穿呈短路；若只显现最高位1，则表明电容器已开路（断开）；若测出的电容量与其标称容量相差过大，则说明该电容器有质量问题，不宜采用。

如何判断短路、开路及容量误差大

3.2.6　检测二极管

半导体二极管的核心是一个PN结，它具有单向导电的特性，正向导通时呈低阻，反向偏置时呈高阻。利用数字式万用表的二极管挡可以判定二极管的正、负极性，鉴别是锗管还是硅管，并能测出二极管的正向导通电压。

用二极管挡测量时将黑表笔插入COM孔，红表笔插入V·Ω孔，如图3-10所示。二极管测试与线路通断检测用的“蜂鸣器挡”是同一个挡位，有的数字式万用表也称之为二极管挡。

二极管的测量

判断二极管的正、负极

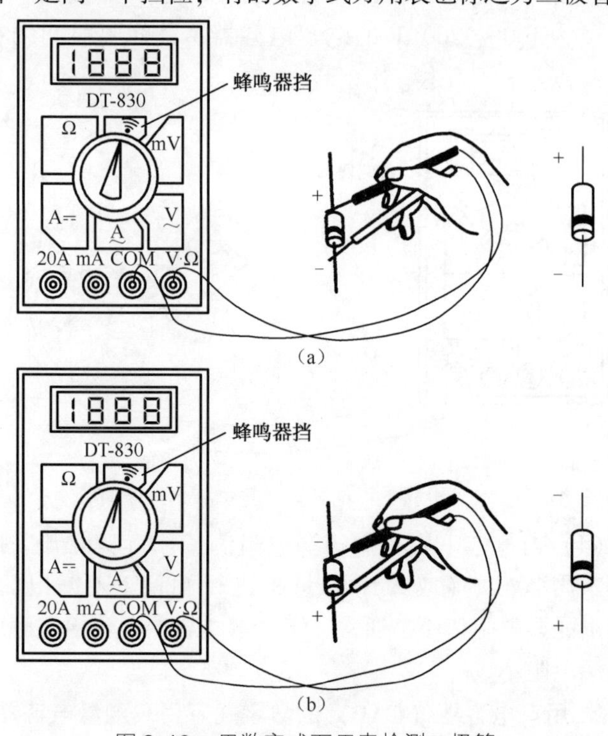

图3-10　用数字式万用表检测二极管

判断二极管极性和好坏

1. 判定正、负极

将数字式万用表功能开关选择为二极管挡，用红、黑两支表笔分别接二极管的两个电极，若显示值为1V以下，则说明管子处于正向导通，红表笔接的是正极，黑表笔接的是负极。如果显示“. OL”或溢出符号1，则管子处于反向截止状态。黑表笔接的是正极，红表笔接的是负极。

对调表笔，若两次测量都显示“. 000”，则说明二极管内部短路；都显示“. OL”或溢出符号1，说明管子内部断路。

判断是锗管还是硅管

2. 区分锗管与硅管

二极管挡的工作原理：万用表内基准电压源向被测二极管提供大约1mA的正向电流，二极管的正向电压降 U_f 就是万用表输入电压 U_{in}——对于锗管，应显示0. 150～0. 300V；对于硅管，应显示0. 500～0. 700V。根据二极管的正向电压差，很容易区分锗管与硅管。

用蜂鸣器挡检查线路通断情况

用蜂鸣器挡检测线路通断时，若被测两点间的电阻小于30Ω，则会同时发出声、光信号。

3. 2. 7　检测三极管

由于数字式万用表电阻挡检测晶体管时，其测试电流很小（小功率管的基极电流 i_B 通常在 μA 级），因此常用蜂鸣器挡（二极管挡）和 h_{FE} 测试挡配合实现管型的判断和放大倍数 h_{FE} 的测量。

1. 用蜂鸣器挡（测二极管挡）判定引脚和管子类型

1）先判定三极管的基极 B

先测定出 B 极

将数字式万用表的功能开关拨至蜂鸣器挡，一支表笔固定接某个电极（假定这个引脚是基极 B），另一支表笔依次接另外两个电极，如果两次测量显示值都在 1V 以下或都显示溢出，则将两支表笔对调再分别测一次。若还是以上结果，证明表笔固定接的那一个引脚是基极 B；若两次测量显示值不符合上述条件，再换另外一个固定电极继续测量，直到确定基极 B。

2）区分 NPN 管与 PNP 管

判断是 PNP 管还是 NPN 管

确定基极以后，将红表笔接基极，黑表笔分别接另外两个电极，如果两次测量出的都是正向压降（锗管为 0.15 ~ 0.3V，硅管为 0.55 ~ 0.65V），证明是 NPN 型的管子；假如两次都显示溢出，则该管为 PNP 型。

2. 用 h_{FE} 挡判定集电极 C 和发射极 E 并测量 h_{FE}

测放大倍数 h_{FE}

判定集电极与发射极，需要借助 h_{FE} 测试插座来完成。假定测量的是 NPN 型管，把管子基极 B 插入 NPN 型管测试插座的 B 孔中，剩下的两个电极分别插入 C 孔和 E 孔中，如图 3-11 所示。

用 h_{FE} 挡测量三极管放大倍数

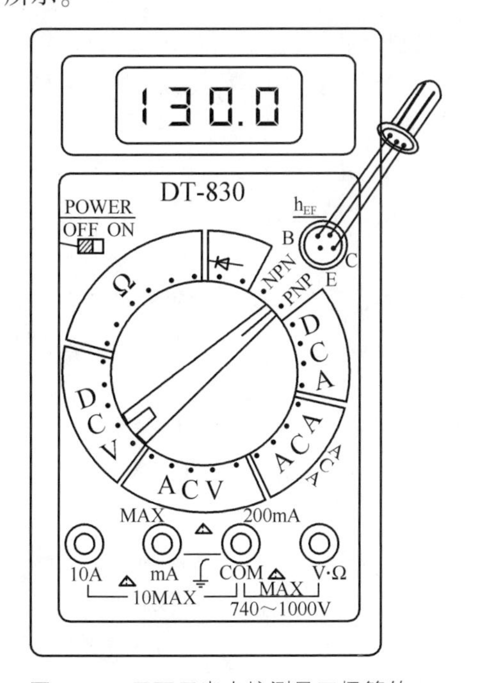

图 3-11　用万用表直接测量三极管的 h_{FE}

若测出的 h_{FE} 为几十至几百，说明三极管连接正确、放大能力较强，此时 C 孔插的是集电极，E 孔插的是发射极；若测出的 h_{FE} 只有几至十几，证明三极管的集电极与发射极接反了，这时 C 孔接的是发射极，E 孔接的是集电极。

3.2.8 使用注意事项

（1）使用前，应检查表笔和导线的连接及绝缘是否良好。

选择合适的挡位和量程

（2）测量前，根据测量对象估计其大小并选择合适的挡位或量程。

（3）测量前，注意表笔的位置是否插对，核查无误后再进行测量。

（4）对无法估计的待测量（特别是电流、电压），应先选择最高量程挡测量，然后根据显示结果选用合适的量程。

测量过程中勿拔动开关

（5）在测量高电压或大电流时，严禁拨动量程开关，以防产生电弧烧毁开关触点或测量电路的情况。

（6）注意数字式万用表上的警示符⚠，表示测量时不要超过所标示的最高值：直流电压挡一般为 1000V，交流电压挡一般为 700V，所对应的电流挡分别为 200mA 和 10A。超过所标示的最高值，有可能导致表内电路损坏。

（7）当测量电流无显示时，应检查熔丝是否已烧断。

（8）测量电压时，若显示屏出现溢出符号 1，说明已发生过载。此时应断开被测负载，将量程开关换到高一级量程，然后再测量。

数字表非常适宜测 500Hz 以下的正弦信号

（9）数字式万用表测量交流电的频率范围在 500Hz 以下，且显示的是正弦波电量的有效值，超出此频率便会产生误差。对于非正弦量，测量误差会增大。

（10）若用直流电压挡去测量交流电压，或用交流电压挡去测量直流电，若显示屏显示“000”或出现数字闪跳现象，应及时更换挡位。

（11）每次使用结束后，应及时关断电源，以延长电池使用寿命；若数字式万用表长期闲置不用，应取出叠层电池。

（12）数字式万用表不应放置在高温、潮湿和强光环境下。液晶显示屏若长期遭受强光照射，会加速老化，甚至失效。

综合知识

普及型数字式万用表与指针式万用表的性能比较

$3\frac{1}{2}$位数字式万用表与指针式万用表的性能比较见表3-5。

表3-5　$3\frac{1}{2}$位数字式万用表与指针式万用表的性能比较

$3\frac{1}{2}$位数字式万用表	指针式万用表
数字显示，读数直观，没有视差	表针指示，读数不方便且有误差
测量准确度高，分辨率100μV	准确度低，灵敏度为一至数百毫伏
各电压挡的输入电阻均为10MΩ，但各挡电压灵敏度不等，如200mV挡为50MΩ/V，而1000V挡为10kΩ/V	各电压挡输入电阻不等，量程越高，输入电阻越大，500V挡一般为几兆欧，各挡电压灵敏度基本相等，通常为4～20kΩ/V，直流电压挡的灵敏度较高
采用大规模集成电路，外围电路简单，液晶显示	采用分立元件和磁电式表头
测量范围广，功能全，能自动调零，操作简单	一般只能测量电流、电压、电阻，需要调机械零点，测量电阻时还要调零点（欧姆挡）
保护电路较完善，过载能力强，使用故障率低	只有简单的保护电路，过载能力差，易损坏
测量速度快，一般为2.5～3次/s	测量速度慢，测量时间（不包括读数时间）需一至几秒
抗干扰能力强	抗干扰能力差
省电，整机耗电一般为1030mW（液晶显示）	电阻挡耗电较大，但在电压挡和电流挡均不耗电
不能反映被测电量的连续变化	能反映变化过程和变化趋势
体积很小，通常为袖珍式	体积较大，通常为便携式
价格偏高	价格较低
交流电压挡采用线性整流电路	采用二极管作非线性整流

同步自测练习题

1. 数字式万用表与指针式万用表相比较，有哪些优点和缺点？

2. 用万用表测直流电压时，应将万用表________被测电路的两端，即________表笔接被测电路的________电位处，黑表笔接被测电路的________电位处；用万用表测直流电流时，应将被测电路________，将万用表________被测电路中，即将________表笔置于断开位置的________电位处，________表笔置于断开位置的________电位处。

3. 在DT-830型数字式万用表刻度盘下端，在“V·Ω”和“COM”插孔之间标有“$\frac{\text{MAX}}{750\sim1000\text{V}}$”字样，这表明什么意思？

4. 在测量电阻阻值时，指针式万用表和数字式万用表有什么不同？

5. 用数字式万用表测量高电压或大电流时，如何确保人、机安全？

6. 用数字式万用表测量电路板上在线并联阻容（RC）回路上的电阻时应注意什么？

7. 用数字式万用表的二极管测试挡（也称蜂鸣挡），如何判断线路的通断？如何确定二极管是锗管还是硅管？

同步自测练习题参考答案

1. 答

（1）数字式万用表的优点。

① 准确度高。一般数字电压表的测量分辨率为100μV，最高分辨率可高达1μV。而指针式万用表的准确度较低，其灵敏度在100mV以上。

② 采用数字显示方式，读数直观；不存在指针式仪表的视觉误差。

③ 测量速度快，一般为2.5～3次/s。

④ 输入阻抗高，一般的数字式万用表的 R_i 为10MΩ，对被测电路的影响极小。

⑤ 保护电路较完善，过载能力强，故障率低。

（2）数字式万用表的缺点。

① 测量频率范围不够宽，一般数字式万用表的频率范围在100kHz左右。

② 价格比指针式万用表偏高。

2. 并接在　红　高　低　断开　串联接入　红　高　黑　低

3. 答 DT-830型数字式万用表表盘下的“V·Ω”与“COM”之间标有“$\frac{\text{MAX}}{750\sim1000\text{V}}$”的字样，表示从这两个插孔输入的交流电压不应超过750V（有效值），测直流电压不得超过1000V，即测电压时，红、黑表笔应分别插进“V·Ω”和“COM”插孔。测电阻时，插入“V·Ω”插孔的红表笔接电源的高压端；插入“COM”插孔的黑表笔接电源的负端。

测直流电压时，当“V·Ω”插孔引出的红表笔接被测端为高电位时，显示屏显示的测量数字为正，反之则为负。

4. 答 指针式万用表和数字式万用表在测量电阻阻值时，有以下不同。

（1）指针式万用表测电阻阻值时有如下规律。

① 在测电阻时，指针式万用表内部需要用到电池（而在测电压、电流时，电池处于断开状态），因为电阻本身不会提供测量的能量（电流）。

② 在测电阻阻值时，万用表的红表笔接内部电池的负极，黑表笔接内部电池的正极。

（2）数字式万用表测电阻阻值时有如下规律。

① 数字式万用表插入“V·Ω”插孔的红表笔在测量电阻挡时是高电位端。这一点与指针式万用表完全相反，在使用时必须注意。

② 数字式万用表的内阻（一般不低于10MΩ）比指针式万用表高得多，因而测电阻阻值的精度高，功耗小。

5. 答 用数字式万用表测量高电压或大电流时，应注意如下事项。

（1）测量前，应注意表笔的位置是否插对，核查无误后再进行测量。

（2）测量前，宜估计待测量的大小，并选择合适的挡位或量挡。当难以估计待测量值大小时，应先选择高挡量程测量。

（3）在测量高电压或大电流时，严禁拨动量程开关，以防产生电弧或火花烧坏触点或测量电路。

（4）注意表盘上的警示符⚠，测量时不可超过所标示的最高值：交流电压挡一般为750V，直流电压挡为1000V，所对应的电流挡分别为200mA和10A。电压或电流过高，可能会烧坏表内的测量线路和量程开关的触点。

6. 解 测量电路板上的在线电阻，测量前必须断开电源，不可带电操作，以防烧坏表头。若待测电阻与电解电容器并联，则应先对电容器放电以免冲击电流损伤表内的器件。读者可参看图2-19所示的用指针式万用表测量电路板上电阻的示意图。

7. 解 检测线路通断的蜂鸣器挡和检测二极管是用同一个挡位，有的数字式万用表也称之为二极管挡。

当用来检测二极管时，将红表笔插入“V·Ω”孔，接二极管正极；黑表笔插入“COM”孔，接管子负极，则显示屏上便显现其正向压降。据此压降值便确定是锗管还是硅管：若显示值为0.15～0.30V，则确定为锗二极管；若显示值为0.55～0.70V，则是硅二极管。

当用来检测线路通断时，若被测线路两点间电阻小于30Ω，则蜂鸣器发声，说明线路是通的；若两点间电阻大，蜂鸣器不会发声，说明线路不通。

第 4 章

信号发生器

本章知识结构

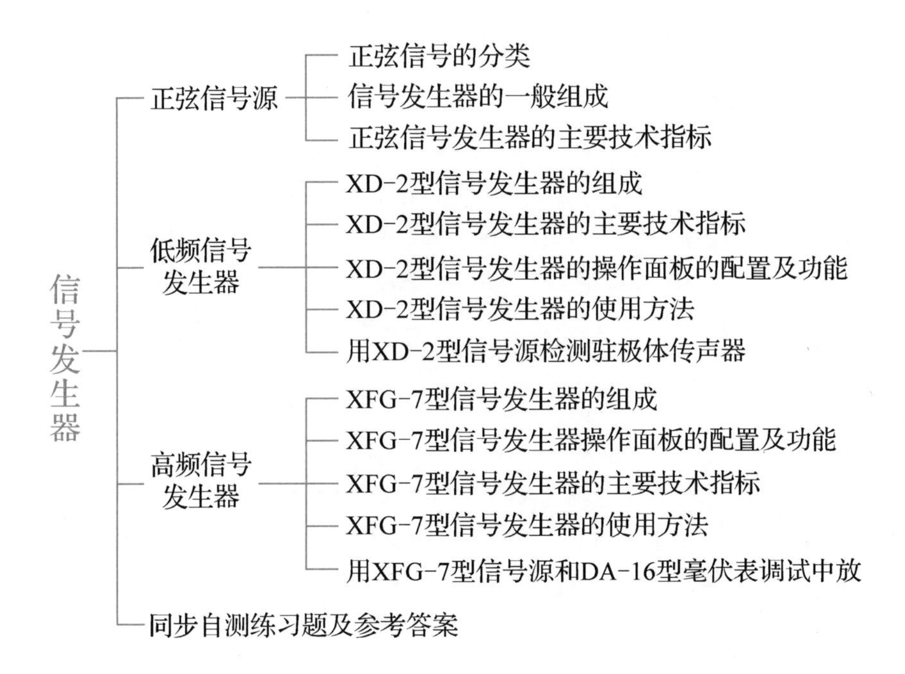

信号发生器（或称信号源），是指在电子测量中提供符合一定技术要求的电信号的仪器。按其输出信号波形的不同，常见的信号有：正弦波信号发生器、脉冲信号发生器和函数信号发生器。这三种信号源各具特点。

在实际测量中，正弦信号发生器的应用最为广泛。

4.1 正弦波信号源

正弦信号因其独特的正弦波形及周期性，在实际测量中，尤其在线性网络或系统中应用极为广泛。本节将讨论正弦信号的分类及正弦信号源的主要组成及主要技术指标。

要点

4.1.1 正弦波信号的特点及分类

1. 正弦波信号的特点

在实际测量中，正弦信号发生器应用最广。尤其在线性系统（或网络）中应用广泛。这是因为作为正弦输入信号，经线性系统运行之后，其输出依旧为同频正弦波信号，其频率和波形不会产生畸变，只是幅值和相位略有差别，即正弦波形不受线性系统的影响。因此，正弦波信号发生器作为信号源，很适用于线性系统的测试。

正弦信号适于在线性系统中传输

2. 正弦信号发生器的分类

正弦信号源可按不同方式分类，可按信号源的性能分，也可按其工作频率的高低分类。

1）按工作频率分类

根据频率的不同，信号发生器可分为超低频、低频、视频、高频、甚高频和超高频信号几大类，如表4-1所示。

按频率高低划分

表4-1 信号源的类型及工作频率范围

类　型	频率范围	类　型	频率范围
超低频信号发生器	0.001～1000Hz	高频信号发生器	200kHz～30MHz
低频信号发生器	1Hz～1MHz	甚高频信号发生器	30～300MHz
视频信号发生器	20Hz～10MHz	超高频信号发生器	300MHz以上

2）按性能划分

（1）通用信号发生器。它产生的信号用于测试电子电路、传输网络、滤波网络、家用电器设备等电子装置。

（2）标准信号发生器。要求它能提供准确的频率、稳定的输出电平、其平坦度稳定的波形、良好的温度稳定性等，可用作检查或校对通用信号发生器的准确度和精度等。

4.1.2　信号发生器的一般组成

正弦信号发生器的基本组成框图如图 4-1 所示。不同类型、不同功能的信号发生器的组成会有所不同，但其基本的电路结构是类同的，主要有主振级、放大器、缓冲级、输出级、监测表头、稳压电源、调制器等。

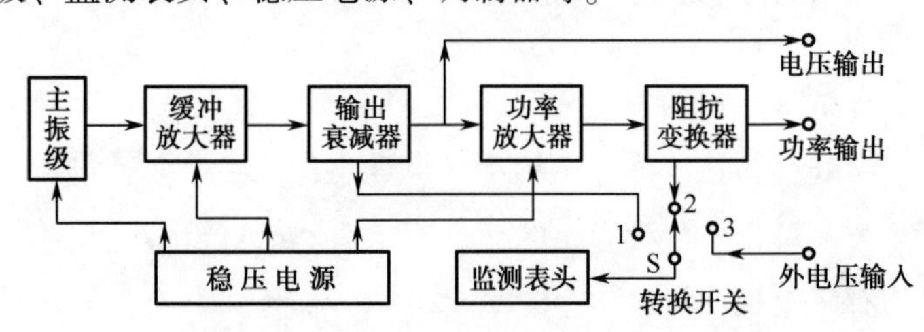

图 4-1　正弦波信号发生器组成框图

1. 主振级

主振级是仪器的核心部件

主振级用来产生仪器的基准正弦信号，是信号发生器的核心部件，主振级决定了输出信号的稳定度。

在较好的信号源中，大都采用 RC 文氏电桥振荡电路，用 RC 串、并联电路选频。由于它具有输出波形失真小、振幅温度调节方便、频率可调范围宽等优点，在通用信号发生器中被广泛采用。

2. 放大器

放大器一般包括电压放大器和功率放大器。电压放大器把振荡器产生的弱信号进行放大，为后级整形或信号处理提供足够的幅度。功率放大器对衰减器送来的电压信号进行功率放大，使之达到额定的功率输出。要求功放的谐波失真小，效率高。

3. 缓冲级

缓冲级一般兼有缓冲和放大的作用。缓冲的目的是为了隔离后级电路对主振级的影响，确保主振频率稳定。缓冲级多采用射极跟随器（具有输入阻抗高、输出阻抗低的特性）或由集成运放组成的电压跟随器。

4. 输出级

输出级包括输出衰减器、阻抗变换器。输出衰减器用于改变信号发生器的输出电压或功率，通常分为连续调节和步进调节。连续调节由电位器实现；步进调节由电阻网络实现。

阻抗变换器是在有功率输出的情况下才使用，电压输出时，只需用衰减器即可。阻抗变换的目的在于阻抗匹配，以获取最大输出功率。

5. 监测表头

监测表头或指示器用于监测或指示信号发生器的功能是否正常，及时发现出现的故障或问题。图4-1中的S为转换开关，当S置于“1”位时，表头指示电压放大器输出的电压是否正常；当S置于“2”时，表头指示功放的输出是否正常；当S置于“3”时，则可对外来的信号电压进行监测。

6. 稳压电源

这里的稳压电源是指信号发生器自带的稳压电路，为仪表内各部分电路提供合适的稳定的直流电压，确保仪表正常工作。

4.1.3 正弦信号发生器的主要技术指标

技术指标是指信号发生器向被测电路提供符合要求的测试信号，主要包括频率特性、输出特性和调制特性三方面的指标。

主要指标

1. 频率特性

频率特性包括有效频率范围、频率准确度和频率稳定度。

频率特性

（1）有效频率范围：信号源各项技术指标都能得到使用说明书中规定的输出频率范围。在这一范围（或分波段）内的频率应连续可调。

（2）频率准确度：信号源的频率实际值 f_x 与其标称值 f_0 的相对偏差值应在规定范围内，其相对偏差表达式为

频率准确度

$$\alpha = \frac{f_x - f_0}{f_0} = \frac{\Delta f}{f_0} \tag{4-1}$$

（3）频率稳定度：在规定的时间段内频率准确度的变化情况。它可分为短期频率稳定度和长期频率稳定度。

① 短期频率稳定度。在规定时间（如20min）内预热后，输出频率产生的最大变化，其表达式为

频率稳定率

$$\delta = \frac{f_{max} - f_{min}}{f_0} \tag{4-2}$$

式中，f_{max}、f_{min} 分别为在任何规定时间段内的最大值和最小值。

② 长期频率稳定度。信号频率在较长时间（如12h、24h、48h等）内的频率变化。

2. 输出特性

（1）输出电平范围。信号源的输出应满足使用说明书中规定的最大和最小电平的可调范围。例如，通用标准高频信号发生器的输出电平范围为0.1μV～1.0V。

（2）输出稳定度。在有效频率范围内，不同频率点的输出电平的变化情况。

（3）输出阻抗。信号源的输出阻抗因信号发生器的类型不同而不同。低频信号发生器的电压输出端阻抗一般为1kΩ，功率输出端因配有匹配变压器，常见的有50Ω、75Ω、150Ω、600Ω和5kΩ等不同的输出阻抗。高频或超高频信号发生器一般只有50Ω或75Ω不平衡输出阻抗。

3. 调制特性

调制特性包括调制类型和调制线性度等。

1）调制的有无及调制器类型

信号发生器是否要调制、是何种类型调制，视信号发生器的类型而定。

常用调制方式：
AM、FM、PM

① 低频信号发生器通常没有调制；

② 高频信号发生器一般加有调幅（AM）方式；

③ 甚高频、超高频信号发生器通常有调幅和调频（FM）方式；

④ 微波段信号发生器通常有脉冲调制（PM）方式。

2）内调制和外调制

常见的内调制信号频率为400Hz，1000Hz

有些信号发生器只有内调制，很多信号发生器既有内调制，也有外调制。当调制信号由信号发生器内部产生时，称为内调制；当调制信号由外部电路或低频信号发生器提供时，称为外调制。

内调制的信号一般是固定的，有400Hz和1000Hz两种。

3）非线性失真

非线性失真通常由调制产生，一般信号发生器的非线性失真应小于1%，有要求高的测量系统则要求优于0.1%。

4.2 低频信号发生器

要点➤

低频信号产生器能产生1Hz～1MHz（分六个频段）的正弦波电压信号，最大输出电压为5V，常用于测试或检修低频放大器的信号源，也可作为高频信号发生器的外调制信号源。

4.2.1 XD-2型低频信号发生器的组成

低频信号1Hz～1MHz

XD-2型低频信号发生器由文氏电桥RC振荡器、射极跟随器、衰减器、电压表和供电稳压源等组成，可产生1Hz～1MHz的低频正弦波信号，其组成如图4-2所示。

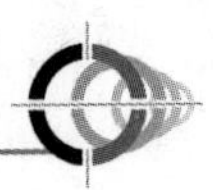

XD-2 组成框图

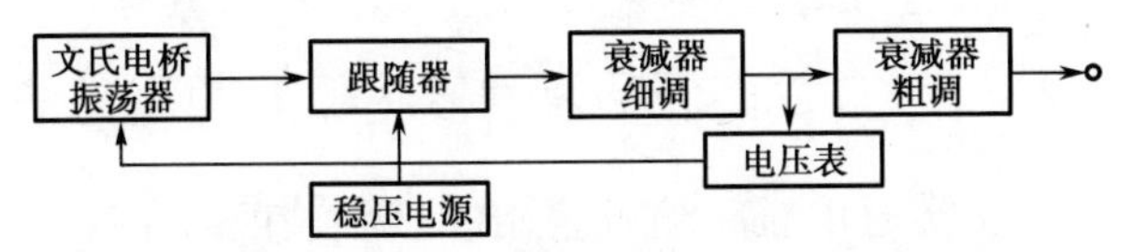

图 4-2 XD-2 型低频信号发生器组成框图

4.2.2 XD-2 型低频信号发生器的主要技术指标

主要技术指标

(1) 频率范围为 1Hz ~ 1MHz，分为 6 个频段：1 ~ 10Hz，10 ~ 100Hz，100Hz ~ 1kHz，1 ~ 10kHz，10 ~ 100kHz，100kHz ~ 1MHz。

(2) 输出衰减为 90dB，粗衰减器为间隔 10dB 的步进衰减，分 9 档；细衰减器用电位器对输出电压进行连续衰减，实施细调。

(3) 输出幅度≥5V，可连续调节。

(4) 非线性失真：20Hz ~ 10kHz 范围内小于 0.1%。

4.2.3 XD-2 型低频信号发生器操作面板的配置及功能

XD-2 型低频信号发生器的面板如图 4-3 所示，主要开关、旋钮的功能如下。

主要开关、旋钮的功能及操作

(1) 频率范围开关：用于选择所需输出信号频率的频段。

(2) 频率调节旋钮：有 ×1、×0.1、×0.01 三个调节旋钮，用于选定频段和所需频率。

(3) 输出衰减开关：用于调节输出电压大小，按 10dB (合 3.16 倍) 间隔步进衰减。

(4) 输出细调旋钮：对输出信号幅值实施连续衰减。

(5) 阻尼开关：将此开关拨至“慢”位置，可克服电压表抖动现象。

(6) 电压指示表：显示输出信号电压的大小，满量程为 5V。

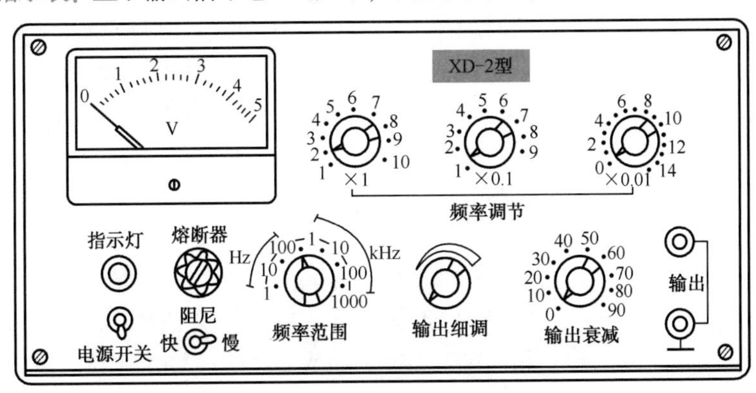

图 4-3 XD-2 型低频信号发生器面板图

4.2.4 XD-2 型低频信号发生器的使用方法

XD-2 的使用和操作方法

（1）仪器通电前，宜将输出细调旋钮逆时针旋到底（最小），然后将电源开关置于“通”位，指示灯亮，预热 10min。

（2）频率调节。将频率范围旋至所需频段，再依次转动频率调节的三个旋钮至所需频率。

>1V 信号，指示值直读
<1V 信号，指示值 × 衰减倍数

（3）幅度调节。输出电压在 1 ~ 5V 时，只需调节输出旋钮（细调），输出电压可直读其电压表的指示值即可；若输出为小于 1V 的小信号，则需调节衰减器，实际输出电压为电压表的指示值再乘以衰减分贝数对应的电压衰减倍数。

（4）当输出衰减旋至 80dB 挡时，可输出矩形波；输出 90dB 时，可输出负矩形波，其幅值大小由输出细调旋钮控制。

应用举例Ⅰ

◉**例 4-1** 如何使 XD-2 型低频信号发生器输出 465kHz、2V 正弦波信号？

解 （1）把频率范围开关置于 100kHz 挡。

如何调节频率

（2）把频率调节 ×1 旋钮置于 4 处，×0.1 旋钮置于 6 处，×0.01 旋钮置于 5 处，则频率调节在 465kHz 上。

（3）将输出衰减置于 0，调节输出细调旋钮则可得到 2V 的 465kHz 的信号，从输出接线柱上引出即可。

应用举例Ⅱ

◉**例 4-2** 如何使 XD-2 型低频信号发生器输出 465kHz、300mV 的正弦波信号？

解 （1）、（2）频率调节方法与步骤同例 4-1 步骤（1）、步骤（2）。

输出小信号，如何调节衰减

（3）对于输出电压小于 1V，本例指定输出为 300mV，此时应将输出衰减置于 20dB（对应电压衰减 10 倍），若此时电压表读数为 3，则输出电压实际值为 3 ÷ 10 = 0.3V = 300mV，XD-2 型低频信号发生器输出 456kHz、300mV 正弦波信号。

知识链接

电平与分贝（dB）

在通信传输系统或多级放大系统中，各点的信号大小是随传输线路的长短或放大电路的增益而变化的。信号的大小可用瓦（W）、毫瓦（mW）或伏（V）、毫伏（mV）等实用单位表示。但工程上常采用电平表示，常用的单位是分贝（dB）。

图 4-4 是传输网络或放大器的示意图。设网络或放大器的输入端的信号功率为 P_i，输出端的信号功率为 P_o，则两功率的比值取对数值，即为电平。

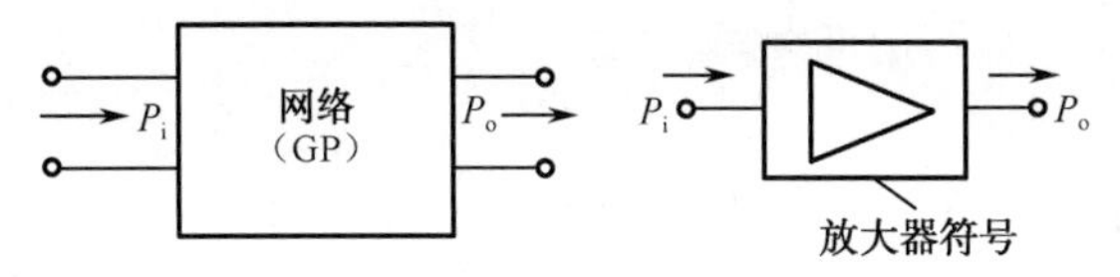

图 4-4 传输网络或放大器示意图

表 4-2 列出了部分功率比值（P_o/P_i）与分贝（dB）的对应关系。

表 4-2 部分功率比值与分贝的对应关系

功率比（P_o/P_i）	分贝（dB）	功率比（P_o/P_i）	分贝（dB）
10 （10^1）	10	1/10 （10^{-1}）	-10
100 （10^2）	20	1/100 （10^{-2}）	-20
1000 （10^3）	30	1/1000 （10^{-3}）	-30
10 000 （10^4）	40	1/10 000 （10^{-4}）	-40
100 000 （10^5）	50	1/100 000 （10^{-5}）	-50

注：分贝（dB）为正值，表示增益；若为负值，表示衰减。

4.2.5 用 XD-2 型低频信号发生器检测驻极体传声器

驻极体话筒的优点

驻极体传声器常称作驻极体话筒，具有灵敏度高、频带宽、噪声小、性价比高等优点，被广泛用于无线话筒、助听器及小型录音机中。

图 4-5 是用 XD-2 型低频信号发生器和数字式万用表检测驻极体话筒的连接图。

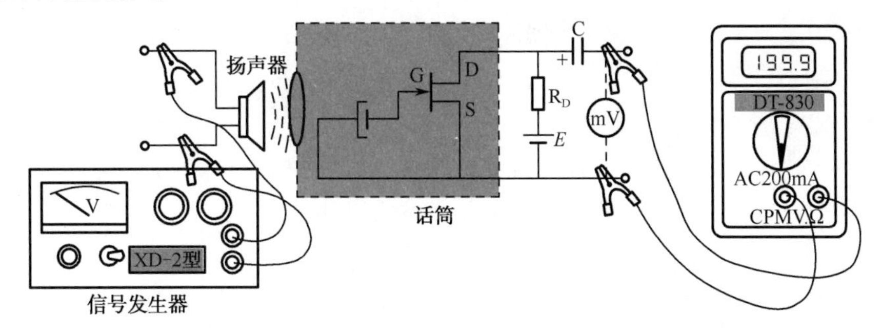

图 4-5 用 XD-2 型低频信号发生器和万用表检测驻极体话筒

【检测步骤】

检测步骤

（1）将测试音频选为人耳最敏感的音频 $f=1000\text{Hz}$，把XD-2 型低频信号发生器的频率范围开关置于 1kHz，×1 旋钮置 1，×0.1旋钮置 0，×0.01 旋钮置 0，则调定的频率为 1000Hz×1.00＝1000Hz。

（2）将输出衰减置于 10dB（相当于衰减 3.16 倍），调节输出细调旋钮，若此时电压表读数为 2.2V，则输出电压实为 2.2V÷3.16≈0.7V。

经上述调节后，XD-2 型低频信号发生器的输出为 1000Hz、0.7V 的正弦波信号，经电缆的信号夹加至扬声器上。

（3）将驻极体话筒由远移近，当声压作用到传声器时，万用表（拨至 300mV 挡）应有一定的指示。

在声压不变和间距不变的情况下，更换传声器，则毫伏表摆幅越大的传声器，其传声灵敏度越高；反之，则灵敏度低。若由远及近移动驻极体时表头显示无反应，则说明该传声器已被损坏。

4.3 高频信号发生器

要点

高频信号发生器是一种向电路和电子设备提供等幅正弦波和调制波的高频信号源，频率范围从几百赫兹到几百兆赫兹。它主要用于调试或测量各种无线电接收机的通频带、放大量的调试及系统灵敏度、选择性等参数的测定等。高频信号发生器的型号很多，这里以最常见的通用型 XFG-7 型为例，介绍其主要技术性能和使用方法。

高频信号：100kHz～30MHz

XFG-7 型高频信号发生器是一种向电子设备和电路提供等幅正弦波和调制信号波的高频信号源，是较典型的电子仪器。XFG-7 型高频信号发生器的频率范围较窄（100kHz～30MHz），但仍然是学习和使用其他高频信号发生器的基础。

高频信号发生器主要用于调试各类接收机的选择性、灵敏度、调幅等特性，其输出信号的频率和电平在一定范围内可调节并能准确读数，特别是能输出微伏（μV）级的小信号，可满足接收机测试的需要。

4.3.1　XFG-7 型高频信号发生器的组成

XFG-7 型高频信号发生器的基本组成框图如图 4-6 所示，主要包括主振级、调制级、输出级、衰减级、内调制振荡级、监测器和电源。

XFG-7 型高频信号发生器的组成

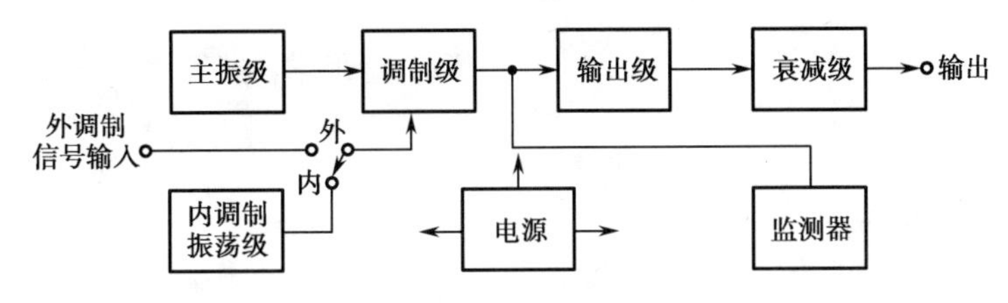

图 4-6　XFG-7 型高频信号发生器电路结构框图

1. 主振级

主振级用来产生高频振荡信号，它决定了信号发生器的主要工作特性。主振级电路通常采用可调频率范围宽、频率准确度高和频率稳定度好的 LC 振荡器。振荡电路一般采用电感反馈或变压器反馈的电路，并采用弱耦合馈至调制级，使主振级负载较轻，有利于提高主振级的频率稳定度。

主振级是振荡器核心电路

2. 内调制振荡器

内调制振荡器是用来为调制级提供频率为 400Hz 或 1000Hz 的内调制正弦波信号。由于信号是机内产生的，故称为内调制方式；当调制信号由机外电路提供时，称为外调制方式。

内调制频率 400Hz，1000Hz

3. 调制级

正弦波信号虽然是最常用的测试信号，但有些情况仅用等幅的正弦波信号是不能测试的，如接收机的灵敏度、失真度和选择性等，而采用已调制的正弦信号作为测试信号是能测试的。

XFG-7 型高频信号发生器采用调幅（AM）方式，调制信号可使用内调制振荡器提供的 400Hz 或 1000Hz 作为调幅的音频正弦信号。调幅度的大小和输出电压的幅度能连续调节，并能由相应的监测电路直接读出。

通常，指示电表在调幅度 $m=0.3$ 处都用红线标出，用于无线电接收机的性能测试。$m=0.3$ 相当于话音信号的平均调幅度，又称标准调幅度。

$m=3$，标准调幅度用红线标出

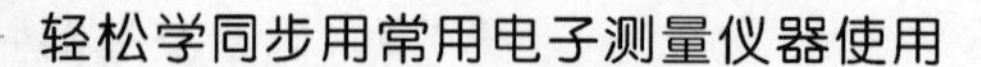

4. 输出级

调节电平，实现阻抗匹配

输出级主要由输出衰减器和阻抗匹配网络等组成，用于调节输出电平的大小。阻抗匹配用于高频信号发生器输出端与负载之间实现匹配，否则会影响衰减系数，降低输出功率或在输出电缆的信号中出现驻波等。

4.3.2 XFG-7 型高频信号发生器操作面板的功能

图 4-7 是 XFG-7 型高频信号发生器操作面板图。

旋钮、开关的功能及操作

(1) 波段开关：用来实现 8 个工作波段的选择，并与频率刻度盘上的 8 条频率刻度相对应。

(2) 频率调节：用来改变振荡频率，使用时先调节粗调旋钮到所需频率附近，再利用微调旋钮调节到准确的频率上。粗调与微调旋钮的传动比为 1∶18。

1V 校准在红线上

(3) 载波调节旋钮：用以调节载波电压的幅度，可使电压表 V 指示在 1V 红色校正线上。

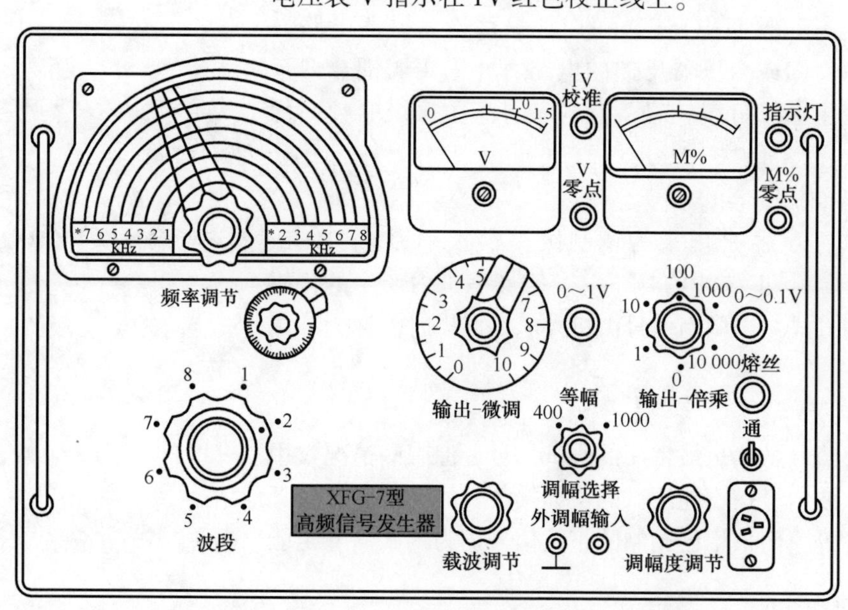

图 4-7　XFG-7 型高频信号发生器操作面板图

(4) 输出 - 微调旋钮：用以改变输出信号（载波或已调波）的幅度。电位计刻度盘共分 10 大格，每 1 大格又分 10 小格，这样就组成 1∶100 分压器。

(5) 输出 - 倍乘旋钮：用以改变输出的多级衰减器，共分 5 挡：1、10、100、1000 和 10 000。当电压表正确地指示在 1V 红线上时，则从 0 ~ 0.1V 插孔输出的电压幅度是微

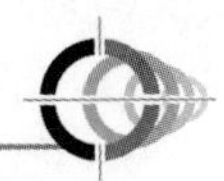

调旋钮读值与倍乘旋钮上的倍乘数的乘积，单位为微伏（μV）。由此可方便地直接读出输出信号的幅度值。

(6) 调幅选择开关：用以选择输出信号为等幅波或已调波信号。当调幅选择开关在等幅挡位置时，输出为等幅信号（即载波信号）；调幅选择开关在400Hz或1000Hz位置时，输出为400Hz或1000Hz音频调幅信号。

(7) 调幅度调节旋钮：用以改变调制信号发生器输出的音频信号的幅度。当载波信号指示电压表指示1V时，改变音频信号的幅度就改变了输出调频波的调制度，并可从调制度M表上直接读出调制系数。

(8) 外调幅输入：输入50～8000Hz的音频信号，电压应在80V以上。

(9) 0～1V插孔：在步级衰减器前引出的信号输出端，当载波指示电压表指在1V（红线）上时，即可直接根据微调旋钮的位置读出输出信号的幅度（若$P=10$，则输出信号为1V；若$P=8$，则输出信号为0.8V）。

(10) 0～0.1V插孔：从步级衰减器后引出的输出端，由此输出的信号幅度应为输出微调旋钮和输出倍乘开关指示值的乘积，单位为微伏（μV）。此时电压表应指在1V（红线）上。

(11) 电压表"V"：指示载波信号输出的电压值。只有指在1V红线处，才算准确，在其他刻度时误差太大，所以特别强调要将其调到"1V"红线处。

(12) 调幅度表"M%"：指示输出信号的调幅度。对内调制和外调制的调幅度都有效。最常用的调幅度为30%，所以那里有红线刻度。

红线刻度处为调幅度30%

(13) "V零点"旋钮：调节电压表的零点。

(14) "1V校准"电位器：校准电压表的1V红线处。平时用铜盖帽盖上，不能随意旋动。

"1V校准"上的铜盖帽，用来防信号泄漏

(15) 外调幅输入接线柱：若需要400Hz和1000Hz以外的调幅波，可由此输入其他音频信号。外调制信号应具有0.5W以上的功率。

4.3.3　XFG-7型高频信号发生器的主要性能指标

主要性能指标

(1) 频率范围为100kHz～30MHz，分8个频段。

(2) 输出电压有如下几种情况。

- 0～1V插孔输出电压为0～1V，可连续调节，此时输出阻抗为40Ω。

- 0～0.1V插孔输出电压为0～0.1V，分10μV、100μV、1mV、100mV五挡，在每一挡上还可细调。输出阻抗为40Ω。

输出阻抗：
“1”端为40Ω
“0.1”端为8Ω

- 若使用带分压器的电缆输出，在1端输出，信号不衰减，阻抗为40Ω；在“0.1”端输出，阻抗为8Ω。

（3）误差——频率刻度误差和载波输出误差。

- 频率刻度误差的基本误差不大于±1%。
- 载波输出误差：载波电平指示在1V时的误差不大于±5%；载波输出－微调的刻度误差不大于±3%；载波输出－倍乘的刻度误差不大于±15%；带有分压器的输出电缆，其输出误差不大于±5%。

（4）调幅度范围在0～100%连续可调，误差±5%。

内调制频率为400Hz，1000Hz

（5）调制频率：内调制时为音频调制信号400Hz和1000Hz两种；外调制时，音频调制信号频率为50～4000Hz（载波频率为100～400kHz）或为50～8000Hz（载波频率大于400kHz）。

（6）电源采用交流220×（1±10%）V或110×（1±10%）V，50Hz，70W。电源电压变换由仪表后面板的转换开关控制。

4.3.4 XFG-7型高频信号发生器的使用方法

1. 使用前的准备工作

使用前的准备和校准

（1）检查使用现场的供电电源电压是220V还是110V，其电压误差是否在规定的额定值±10%范围内。

供电源有～220V和～110V两种，由后面板转换开关控制，通电前务必注意电源种类

（2）因仪表电源中有高频滤波电容器，其壳体会带有一定的电位，故要求仪表外壳应有接地线。

（3）将输出－微调旋钮转到最小位置。

（4）将输出－倍乘开关置于1。

（5）将V表、M表的机械零点调好。

（6）将调幅度调节旋钮逆时针方向转到底。

（7）电压表“V”电气调零：将波段开关置于任意两挡之间（如1波段和2波段之间），然后调节V零点旋钮，使表针指准零点。

（8）接通电源，预热5min。

2. 等幅高频载波的输出

等幅波（CW）

（1）将调幅选择开关置于等幅位置上。

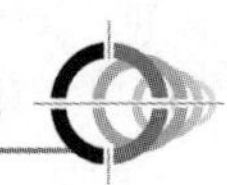

（2）根据所需频率，调节波段开关、频率粗调旋钮至相应位置，再微调频率，以获得准确的频率。

如何读数

（3）转动载波调节旋钮，使电压表指示1V红线上。这时，在0～0.1V插孔上的输出信号等于输出-微调的读数和输出-倍乘上的读数的乘积，单位为微伏（μV）。

为获得微伏（μV）量级的信号输出，必须使用带有分压的电缆，在电缆的终端处输出。例如，输出-微调指示为1.5、输出-倍乘开关在10挡，电缆终端输出处为0.1，则输出信号幅度为

$$U_o = 1.5 \times 10 \times 1 = 15\ (\mu V)$$

（4）若需输出信号大于0.1V，则应在0～1V插孔输出。此时，输出信号电压为输出-微调旋钮的读值乘上电压表指示1V的积。例如，输出-微调旋钮在6处，电压表指示1V，则输出信号电压（在0～1V插孔）为

$$U_o = 0.6 \times 1 = 0.6\ (V)$$

注意防泄漏

注意：在使用0～0.1V孔输出时，需将面板上原带的“铜盖帽”将0～1V孔盖住，以防漏辐射的影响而导致测量不准。

调幅波（AM）

3. 调幅（AM）波输出

内调制

1）内部调制方式

（1）将调幅选择开关置于待调制的400Hz或1000Hz频率上。

（2）调节载波调节旋钮到电压表指示在1V红线上。

$M=30\%$称为标准调幅度

（3）调节载波调节旋钮，从调幅度表（M%表）上的读数，确定出调幅波的幅度。一般大都调节在30%的标准调幅度刻度线上。$M=30\%$相当于话音信号的平均调幅度，故称之为标准调幅度，用红线标示，常用于各类无线电接收机的调试和检测。

（4）利用输出-微调旋钮与输出-倍乘开关的调节，与上述等幅波输出计算方法相同，调节等幅波的幅度大小。

外调制

2）外部调制方式

（1）将调幅选择开关放在等幅位置。

（2）按选择等幅振荡频率的方法，选择所需要的载波频率。

（3）选择合适的外加信号源，作为低频调幅信号源。外加信号源的输出电压必须在20kΩ的负载上能有100V电压输出（即其输出功率为0.5W以上），才能在50～8000Hz的范围内达到100%的调幅。

（4）接通外加信号源的电源，预热几分钟后，将输出调到最小，然后将它接到外调幅输入插孔。逐渐增大输出，直到调幅度表（M%）的指针达到所需要的调幅度。

（5）利用输出-微调旋钮和输出-倍乘开关控制调幅波输出，计算方法与等幅振荡输出相同。

4.3.5 用 XFG-7 型高频信号发生器和毫伏表 DA-16 调中放

图 4-8 是收音机的两级单调谐中放图。调试的目的是使加入的中频（465kHz）调幅信号顺利进入中放的选频回路，并在 465kHz 频率上谐振，呈现高阻抗，使两级中放有足够的放大量。

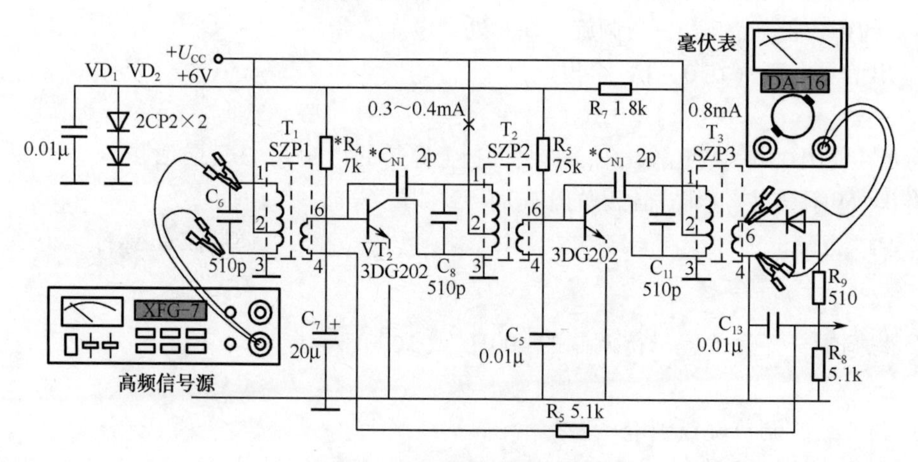

图 4-8　单调谐中频放大电路

【调试步骤】

（1）接通电源后，预热 5min，使 XFG-7 型高频信号发生器有稳定的信号频率和幅值输出。将波段开关拨至第三频段 350～700kHz 挡。

（2）XFG-7 型高频信号发生器的输出接 0～0.1V 插孔，将电缆的芯线夹和地线（隔离皮）夹接至混频器的输出线圈两端，即 C_6 两端。

（3）将 XFG-7 型调频信号发生器置于内调制方式，调制量程开关置于 30，即调制度 $M=30\%$；调幅选择开关置于 1000（即调制频率 $f_M=1000$Hz），载频频率调到 $f_S=465$kHz。

（4）适当调整 XFG-7 型高频信号发生器的输出强度，使接在中周 T_3 次级线圈的毫伏表 DA-16 表头上出现电压指示。用无感螺丝刀从后级向前级逐个调整中频变压器（俗称中周）的小磁帽，使毫伏表指示最大。如此反复调整几次，使各级中放的中周谐振在465kHz的最佳状态，直至毫伏表的指示不再增大为止，则中放就调准在中频465kHz上了，此时中放放大倍数最大。

同步自测练习题

1. 正弦信号源是如何分类的？

2. 正弦信号发生器的主要技术指标有哪些？

3. 为什么正弦信号发生器广泛适用于线性系统（或网络）的测试？

4. 低频信号发生器的主振器为________，以产生________的正弦信号为主，也可输出________。它主要用于测试，调整________等。还可作为高频信号发生器的________等，是一种应用广泛的多功能电子仪器。

5. 高频信号发生器常以________为主振器，通常频率范围为________，可输出________等多种波形。主要用于测试、调整________等特性，它还能输出________，以满足高灵敏度接收机的测试需要。

6. 如何正确使用XD-2型低频信号发生器？欲输出845Hz、30mV的正弦信号，如何调整？

7. 如何正确使用XFG-7型高频信号发生器？以XFG-7型高频信号发生器输出等幅波600μV和0.5V为例，说明如何调节高频等幅波输出。

8. XFG-7型高频信号发生器有几种调幅（AM）方式？请扼要说明内调制时的操作过程。

9. 在测试无线电接收机的灵敏度时，高频信号发生器应输出等幅载波还是调幅信号？为什么调幅度表在$M=30\%$处要用红线标示？

同步自测练习题参考答案

1. 请参看4.1.1节。

2. 请参看4.1.3节。

3. 答 正弦波形作为输入信号，经线性系统（或网络）运行之后，其正弦波形不受线性系统（或网络）的影响，其输出仍为同频正弦信号，不会产生畸变，只是幅值和相位略有差别。因此，正弦信号发生器在线性系统、线性网络的测试中应用最广。

4. RC振荡器　1Hz～1MHz　脉冲波形　低频放大器、传输网络　调制信号源

5. LC振荡器　100kHz～30MHz　载波、调幅（AM）波　各类接收机的灵敏度、选择性、调幅（AM）　微伏（μA）级的小信号

6. 答 XD-2型低频信号发生器的具体操作步骤如下。

（1）开机前，将XD-2型低频信号发生器的“输出细调”旋钮置于最小值处，然后将电源线接到220V、50Hz电源上，拨动“电源开关”至ON位，指示灯点亮。

（2）为使仪器的输出信号有足够的稳定度，需预热10min后使用。

（3）输出信号频率调节。按所需调节频率数，先将“频率范围”旋钮旋至所需频段，然后依次旋动“频率调节”的三个旋钮（×1，×0.1，×0.01）置于所需的数字上（即对3位有效数字置数）。

（4）输出信号电压调节。输出电压的大小是通过“输出细调”和“输出衰减”来调节的。电压表的示数是未经衰减的信号电压值，它的大小由“输出细调”来进行调节；“输出衰减”上的示数表示衰减的倍数，其单位是“dB”（分贝）。dB数与衰减倍数间的关系如关系式（2-4），即

$$\text{电平}\ S = 20\lg = \frac{U_2}{U_1} \quad (\text{dB})$$

分贝（dB）数与衰减倍数间的对应关系如表4-3所示。

表4-3　分贝数与衰减倍数间的对应关系

衰减分贝数（dB）	电压衰减倍数	衰减分贝数（dB）	电压衰减倍数
0	1	50	316
10	31.6	60	1000
20	10	70	3160
30	31.6	80	10000
40	100	90	31600

例如，XD-2型低频信号发生器输出845Hz、30mV的正弦信号，调整方法如下。

① 调节输出信号频率。因信号频率$f = 845$Hz，在100Hz～1kHz范围，所以应先将“频率范围”旋钮选在100Hz～1kHz挡，然后将“频率调节”的“×1”置于8，“×0.1”置于4，“×0.01”置于5，即845Hz。

② 调节输出信号电压。先调节“输出细调”旋钮，使电压表指针指在3V。再调节“输出衰减”旋钮，使之置于40dB，即将电压衰减100倍，则输出电压为3（V）$\times \frac{1}{100} = 3000$（mV）$\times \frac{1}{100} = 30$（mV）

经过调节，XD-2型低频信号发生器的输出信号为845Hz、30mV的正弦信号。

7. 答 有关XFG-7型高频信号发生器的使用，请参看4.3.2节XFG-7型高频信号发生器操作面板的功能说明和4.3.4节XFG-7型高频信号发生器的使用方法。

下面结合本题有关60μV和0.5V等幅波的输出，扼要说明其操作过程。

（1）接上220V、50Hz交流电源线，按下仪表“电源开关”ON，预热10min。

（2）将调幅（AM）选择开关置于等幅位置。

（3）将“波段”开关扳至所需频段，转动频率调节旋钮至相应频率位置，然后调节“频率调节”旋钮，调定所需频率。

（4）转动“载波调节”旋钮，使电压表指在红线“1”上。

① 对于输出600μV的等幅波，其操作如下：由于600μV为弱信号，应从0～0.1V插孔输出，调节“输出－微调”旋钮，使读数为6div，将“输出-倍乘”开关置于100处，则输出

电压为 6×100（μV），则从 0～0.1V 插座输出的信号为 600μV 等幅载波。

② 对于输出 0.5V 的等幅波，应从 0～1V 插孔输出，这时先旋动“载波调节”旋钮，使电压表指在红线“1”刻度上。调节“输出－微调”旋钮在 5 刻度上，则从 0～1V 插孔输出的等幅载波为 0.5V。

8. 答 XFG-7 型高频信号发生器有内调制和外调制两种调幅方式。在使用外调制方式时，应将“调幅选择”开关置于“等幅”位置，并由“外调幅输入”插孔接入外部（仪表）调幅信号。

采用内调制方式 XFG-7 型高频信号发生器输出调幅波的操作如下。

（1）将“调幅选择”开关置于 400Hz 或 1000Hz 处。

（2）按选择等幅载波的方法，选择所需要的频率上。

（3）调节“载波调节”旋钮，使电压表指示在 1V 刻度线上。

（4）调节“调幅调节”旋钮，从调幅度指示 M 表上读出调幅系数（一般大都调在 30% 的调幅度刻度线上）。

（5）利用“输出微调”旋钮与“输出倍乘”开关的调节，与前面介绍的等幅波输出计算方法类同，调节其幅度大小。

9. 答 在测试接收机灵敏度时，高频信号发生器应输出调幅（AM）信号。

调幅信号一般调节在 $M=30\%$ 的调幅度刻度红线上。这是因为 $M=30\%$ 相当于话音信号的平均调幅度，故称之为标准调幅度，并以红线标示。这样测出来的语音信号的指标，很接近人的实际语音情况。

第 5 章

毫 伏 表

本章知识结构

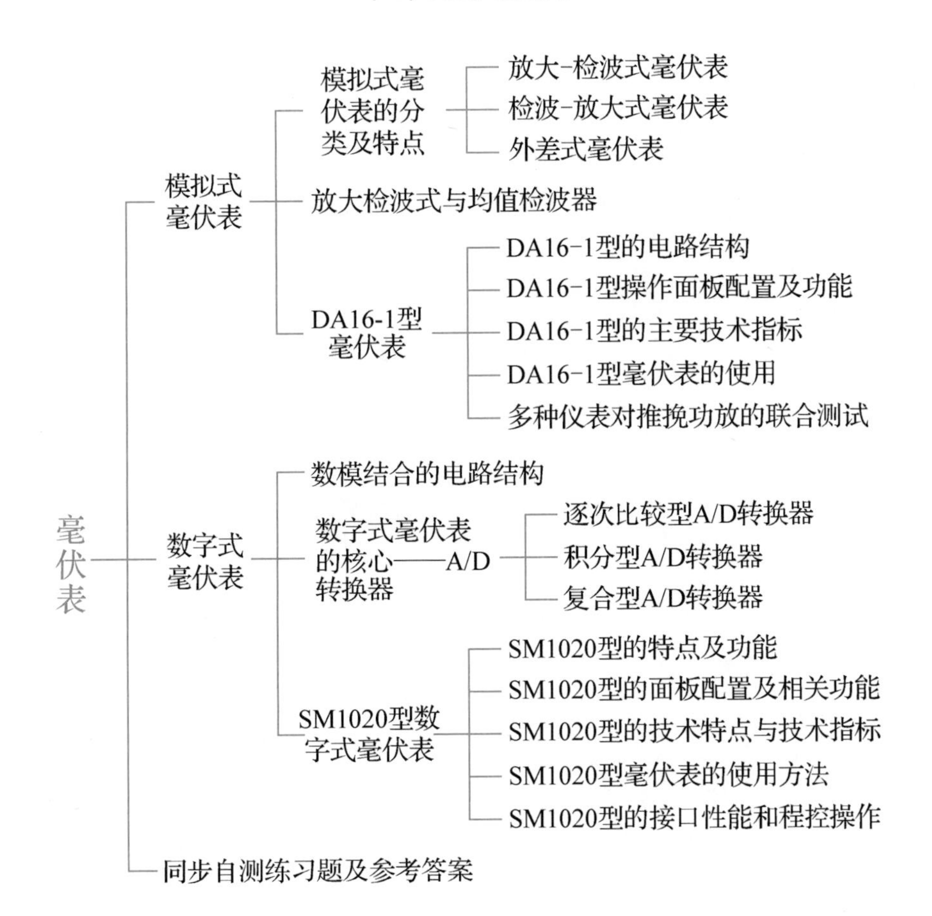

在电子学领域中，电参量有很多，但电压量是其基本参数之一。电子设备的各种控制，如增益、衰减、调幅度、反馈量大小等信号，大都直接表现为电压量的控制，电子设备的各种信号及工作状态，主要以电压量来表现。因此，电压量的测量是电子测量的基础。

万用表虽可以测量交流信号电压，但通常只限于对频率较低（几百赫）的正弦波信号，而对于较高频率和幅值较小的信号，普通万用表是难以胜任的。电子电压表则适用于频率范围宽、电压范围大的信号的测量。

在科学研究或电子产品生产、仪器设备校准、生产调试过程中，常常要测量甚低频（0.001Hz）到甚高频（数千MHz）、其幅度小至毫伏（mV）甚至微伏（μV）的交变信号。对于这些信号，用普通的电工仪表是不能进行有效测量的，必须使用属于电子电压表类中的毫伏表来进行测量。

按照毫伏表内部的电路结构及测量数据的显示方式的不同，毫伏表可分为模拟式毫伏表和数字式毫伏表。

5.1　模拟式毫伏表

要点

模拟式毫伏表采用磁电式直流电流表作为被测电压的指示器，这种表先将被测交流电压进行放大，然后进行检波。作为交直流转换器的检波器常采用平均值检波器。这种检波方法具有准确度高、频带宽、灵敏度较高等优点，应用比较广泛。

5.1.1　模拟式毫伏表的分类及其特点

磁电式直流微安表

模拟式毫伏表，通常采用磁电式直流电流表作为被测电压的指示器。在测量直流电压时，可直接经放大或经衰减后，变成合适的直流电流驱动直流表头的指针偏转进行指示；测量交流电压时，则需经过交流 - 直流变换器，再将被测交流电压转换成与之成比例的直流电压，才进行直流电压的测量。

检波法，将交流转换成直流

模拟式毫伏表，大都采用整流的方法将交流信号转换成直流信号，再以其平均值驱动指示器，给出有效值读数，这种方法称为检波法。

根据毫伏表电路的组成方式的不同，模拟式毫伏表可分为如下几种。

1. 放大—检波式毫伏表

这种毫伏表的原理框图如图5-1所示。它是先将被测信号进行放大，然后检波，变为直流电信号，再驱动直流表头使指针偏转。放大器通常采用多级宽频带（20Hz～10MHz）放大器，放大倍数可高达10^3～10^5倍。这种毫伏表由于先行放大，使弱信号幅度提高，灵敏度提高。由交流变直流的转换采用平均值检波器。这种较高灵敏度的仪表习惯上称作“视频毫伏表”，缺点是测量频率范围受放大器带宽限制，频率范围窄。

先放大，后检波，采用平均值检波器

图5-1　放大—检波式毫伏表的原理框图

2. 检波—放大式毫伏表

这种表是将被测交流信号先检波，变成直流信号，然后进行直流放大，驱动直流微安表的指针偏转，如图5-2所示。

先检波，再直流放大，采用峰值检波器

图5-2　检波—放大式毫伏表的原理框图

这种先检波后放大的方法，使信号的频率范围、输入阻抗等参数主要取决于检波电路的频率响应。如果采用超高频二极管检波，则频率范围可达20Hz～1GHz。因此，这类仪表常称之为“高频毫伏表”或“超高频电子电压表”。

检波—放大式毫伏表的交直流变换器采用了峰值检波器，但由于检波二极管导通时有一定的起始电压，加上电表刻度的非线性，不适宜检测小信号，其灵敏度不高，稳定性较差。

3. 外差式毫伏表

外差式毫伏表的原理框图如图5-3所示。

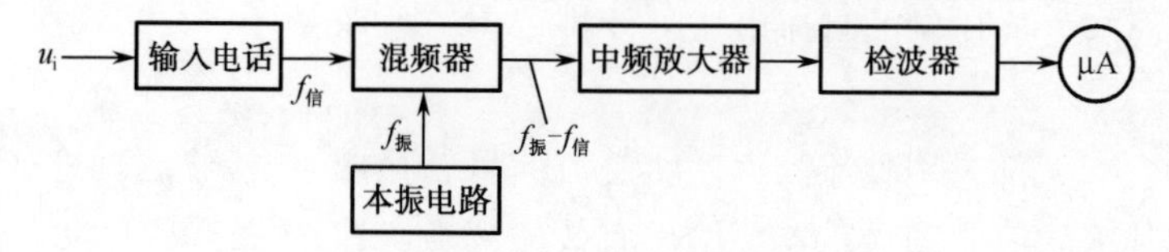

图5-3　外差式毫伏表的原理框图

由图5-3可见，它的电路结构及工作原理与外差式收音机相似。待测信号通过高输入阻抗的输入电路及高频放大后，在混频器中与本振信号（$f_{本}$）混频，经高倍数中频放大后，然后检波，检出的直流电压驱动微安表的指针偏转。

外差式的优点

由于中频放大器的中频固定不变，加之多级中放的选频特性好，中放增益高的优点，因此外差式仪表的灵敏度高、选择性好、抗干扰性能强。高频微伏表或高档电子电表大多采用外差式方法，解决了频率响应和灵敏度互相矛盾的问题，提高了仪表的性能，测频范围可从几千赫至几百兆赫。

5.1.2　均值型毫伏表中的均值检波器

先放大后检波为均值型毫伏表

均值型毫伏表属于放大－检波式电压表，其原理框图见图5-1，它是先将输入的交流电压放大，然后进行检波。作为交－直流变换器的检波电路采用的就是平均值检测器，故称为均值型毫伏表。

1. 关于平均值

任何一个周期性信号 $u(t)$，在一个周期内电压的平均大小称为平均值，通常用 $\overline{U}$ 表示，其数学表达式为

平均值关系式

$$\overline{U}=\frac{1}{T}\int_0^T u(t)\,\mathrm{d}t \tag{5-1}$$

对于正弦波，当使用半波检测时，其正、负半波平均值分别用 $\overline{U}_{+\frac{1}{2}}$ 和 $\overline{U}_{-\frac{1}{2}}$ 表示，则有

$$\left|\overline{U}_{+\frac{1}{2}}\right|=\left|\overline{U}_{-\frac{1}{2}}\right|=\frac{\overline{U}}{2} \tag{5-2}$$

在交流电压测量中，均值是指检波之后的平均值。

2. 均值检波器电路

均值型毫伏表内常用的均值检波电路如图5-4所示。图5-4（a）为桥式全波整流器电路；图5-4（b）为半桥式全波整流电路均值响应检波器输出平均电流 $\overline{I}_0$ 正比于输入电压的平均值。因此：均值电压表的表头偏转也正比于被测电压的平均值，即

均值电流 $\overline{I}$ 只与均值 $\overline{U}$ 有关

$$\overline{I}\propto K\overline{U} \tag{5-3}$$

式中，K 为比例系数。

均值响应检波器的整流后的平均电流，只与其平均值 $\overline{U}$ 有关。平均电流 $\overline{I}_0$ 将驱动直流电流表的线圈转动，使其指针指示 $\overline{I}_0$ 的值。为了使指针尽快稳定，在表头两端跨接一个滤波电容器C，以滤去检波器输出电流的交流成分。

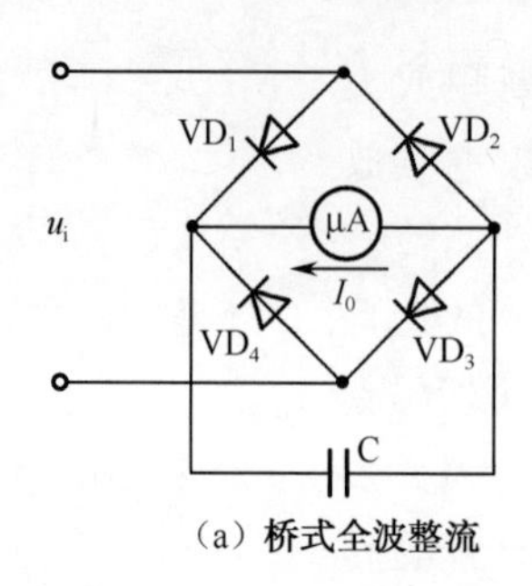

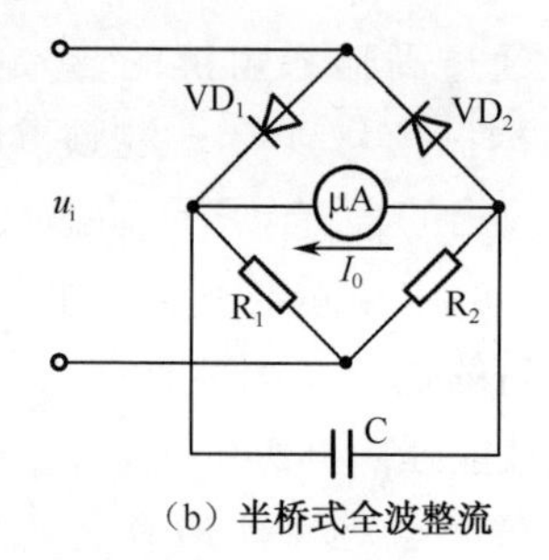

图 5-4　平均值检波器电路

5.1.3　DA16-1 型模拟式晶体管毫伏表

模拟式毫伏表的种类多，型号更多。常见的交流毫伏表多采用放大-检波式方案的均值型毫伏表。例如，国产 GB-9 型电子管毫伏表、SX-2172 型交流毫伏表和 DA16-1 型晶体管毫伏表均为均值型交流毫伏表。下面以 DA16-1 型晶体管毫伏表（以下简称 DA16－1 型毫伏表）为例介绍其组成、主要技术指标、操作面板的配置、功能和使用方法。

1. DA16-1 型毫伏表的组成

毫伏表的组成

DA16-1 型毫伏表主要由高阻分压器、射极输出器、低阻分压器、高增益（60dB）多级放大器、桥式检波器、表头和稳压电路等组成，如图 5-5 所示。

典型的放大－检波式均值毫伏表

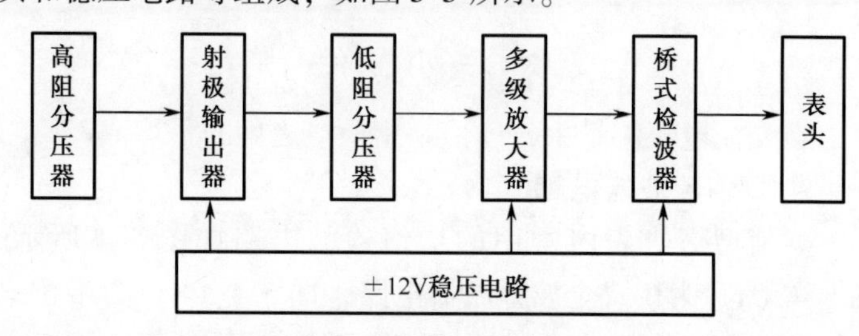

图 5-5　DA16-1 型毫伏表的组成框图

各级的作用

高阻分压器可获得高输入阻抗（≥1MΩ），低阻分压器用于选择量程，中间的射随器利用其输入阻抗高、输出阻抗低的特性，使前后电路能很好地匹配。多级放大器可获得高倍数交流信号的放大，其级间的串联电压负反馈电路使之构成宽频带放大器。桥式检波器可实现全波均值检波。表头内的直流微安表及附属元件构成指示电路。

2. DA16-1 型毫伏表主要技术指标

主要性能指标

（1）测量电压范围：100μV ~ 300V，分 11 挡。

（2）工作频率范围：20Hz ~ 1MHz。

（3）测量电平范围：－72 ~ ＋32dB（600Ω）。

（4）测量误差。

① 基本误差：≤ ±3%（基准频率1kHz）。

② 附加误差：f = 20Hz ~ 100kHz时，≤ ±3%；f = 20Hz ~ 1MHz时，≤ ±5%。

（5）输入阻抗：被测频率为1kHz时，输入阻抗≥1MΩ。

（6）输入电容：在被测电压为1mV ~ 0.3V时，各挡约70pF；在1V ~ 300V时，各挡约50pF。

3. DA16-1型毫伏表操作面板的配置及功能

DA16-1型毫伏表操作面板如图5-6所示，主要旋钮、开关的功能如下。

主要旋钮、开关的功能

（1）量程开关：用于选择所需测量电压的范围，共11挡。量程下的dB（分贝）数供仪表测电平时使用。

（2）表头机械调零螺钉：仪表不加电时，电压表的指针应指零。若不指零，调节此螺钉。

（3）输入插孔：被测信号外接同轴电缆由此孔接入。

（4）零位调整旋钮：仪表通电后，若输入信号电压为零（输入端短接）情况下，表针应指零；否则，调此旋钮。

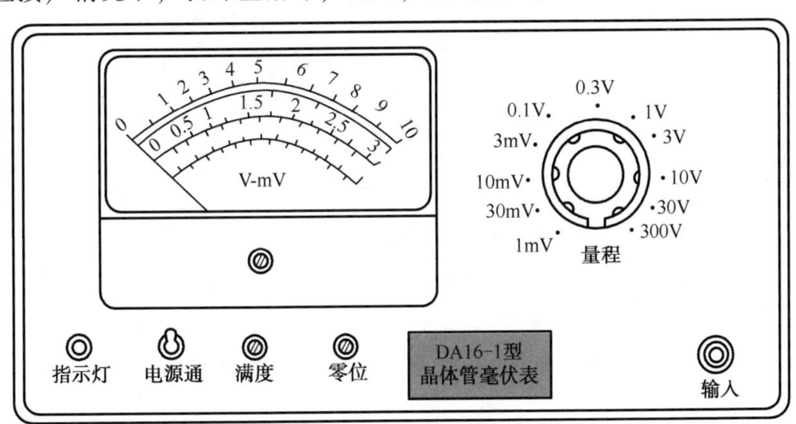

图5-6　DA16-1型毫伏表操作面板图

4. DA16-1型毫伏表的使用方法

如何使用和调整

（1）使用时，仪表应垂直放稳。未通电前先检查表头指针是否指向机械零点，若偏离可用表头上的调零螺钉调准。

（2）接通电源后，将输入端短接，调节零位调整旋钮，使指针指在零刻度上。但请注意：零点只需调节一次，换挡时无须再调零。

测量时，先接地线；测毕，后取地线

（3）测量时，应先接输入电缆的地线（即低电位线），后接高电位线；测量结束时，则应先取高电位线，后取低电位线，以避免感应信号将表头指针打弯！

正确选择接地点

（4）由于 DA16-1 型毫伏表的灵敏度高，测量时必须正确选择接地点，否则外界干扰会影响测量结果。

（5）在进行小量程测量时，表针会稍有抖动（噪声的影响），通常认为是正常的。

选好量程

（6）为减小测量误差，选择合适的量程，应使表针指在满刻度的 1/3 以上的区域。

（7）DA16-1 型毫伏表表头的电压刻度是按正弦信号的有效值设计的，若被测信号是非正弦波电压，测试误差将较大。

（8）测试完毕，应将量程选择开关置于高量程挡（300V）。

5. 乙类推挽功率放大器的测试

乙类推挽功放

图 5-7 所示的双管功放电路中，由两个完全对称的单边功放电路并联而成。由于 VT_1、VT_2 轮流工作，犹如“一推一挽”，通常称作推挽功率放大器。又因为它的工作点很靠近截止区（其 $I_b \approx 0$），故又称作乙类推挽功率放大器。

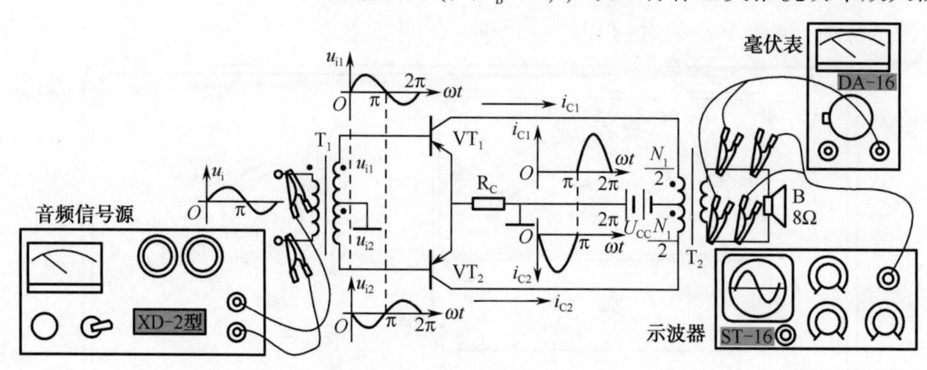

图 5-7　变压器耦合乙类推挽功率放大器输出功率的测试

三种仪表各自的用途

图 5-7 中，XD-2 型低频信号发生器用作标准正弦波信号源；通用示波器 ST-16 用来观察各处的信号电压波形，察看放大过程和失真情况；DA-16 型交流毫伏表用以察看输出电压随输入信号变化（从小到大），毫伏表表头电压如何变化，以便观察输出功率与波形失真之间的关系，从而估算推挽功放电路的最大不失真功率 P、额定功率 P_o、最大输出功率 P_M 的值。

P、P_o、P_M

- 最大不失真功率 P：输出音频（$f = 1000\text{Hz}$）正弦波

刚开始失真（无明显的切头）时的输出功率。

- 额定功率 P_o：输出的音频正弦波保持在10%的失真时的输出功率，即不失真功率标称值。
- 最大输出功率 P_M：在不考虑失真情况下，开足音量能达到的输出功率的最大值。

具体测试步骤如下。

测试步骤

（1）将XD-2型低频信号发生器的正弦波频率调在1000Hz。其输出接至输入变压器 T_1 的初级绕组，并由小到大调节XD-2型低频信号发生器的输出电压。

（2）在输出变压器 T_2 的次级绕组两端接入通用示波器ST-16（或SR-8）和交流毫伏表DA-16，观察正弦电压波形和毫伏表电压的变化。当正弦波顶部稍有切头时，记下毫伏表音频电压指示 $U=0.5\text{V}$。

（3）将 $U=0.5\text{V}$ 电压换算成最大不失真功率（据其定义）

最大不失真功率 P

$$P=\frac{U^2}{R}=\frac{0.5^2}{8}\approx 0.031\ (\text{W})\ =31\text{mW}$$

式中，R 为扬声器特性阻抗，$R=8\Omega$。

（4）测量功放的额定功率 P_o。继步骤（2），由小到大缓慢调节XD-2型低频信号发生器的输出电压，观察示波器显示的正弦电压波和DA-16表头上电压的变化，此时波形开始失真。当毫伏表的音频电压增大10%时，记下电压指示为 $U_o=0.59$（V），则功放的输出额定功率为

功放输出额定功率 P_o

$$P_o=\frac{U_o^2}{R_o}=\frac{0.59^2}{8}\approx 0.044\ (\text{W})\ =44\text{mW}$$

（5）测量功放的最大输出功率 P_M。在步骤（4）继续增加XD-2型低频信号发生器的输出电压，当功放输出电压达到最大饱和值，且毫伏表的电压数值不再增加时，记下毫伏表上的指示电压 $U_M=3.9$（V），则功放的最大输出功率为

功放最大输出功率 P_M

$$P_M=\frac{U_M^2}{R}=\frac{3.9^2}{8}\approx 1.90\ (\text{W})$$

5.2　数字式交流毫伏表

要点

数字式交流毫伏表的电路结构采用数字技术和模拟电路相结合的处理方式，并采用液晶显示和单片机控制技术，具有测量量程范围宽、测量精度高、分辨率好、测量速度快、数字显示清楚、视觉舒适等优点，还具有量程自动/手动转换功能及小

数点自动定位、单位自动转换等功能，因此数字式交流毫伏表应用广泛。

5.2.1 数字式交流毫伏表的电路结构和测量原理

数字式交流毫伏表的优点

数字式交流毫伏表比模拟式毫伏表出现得晚，但以其量程范围宽、测量精度高、分辨率高、灵活多用、测量速度快等优点，近些年来发展迅猛。目前，数字式交流毫伏表已广泛用于电压的测量、仪表的校准。此外，数字式交流毫伏表可向外输出规范的数字信号，可与其他数字仪器或系统，如打印设备、微型计算机、自动化测量系统等相连接，应用广泛。

1. 数字式交流毫伏表的电路结构

作为数字式交流毫伏表，首先要对进来的模拟信号进行处理，即对交变的模拟信号电压转换成相应的数字量，再利用数字电路进行量化、计数、存储，然后在数字显示屏上显示其被测电压的量值。因此，数字式毫伏表是数字电路和模拟电路相结合的电路结构，如图 5-8 所示。

数字式交流毫伏表的电路结构（模拟与数字结合）

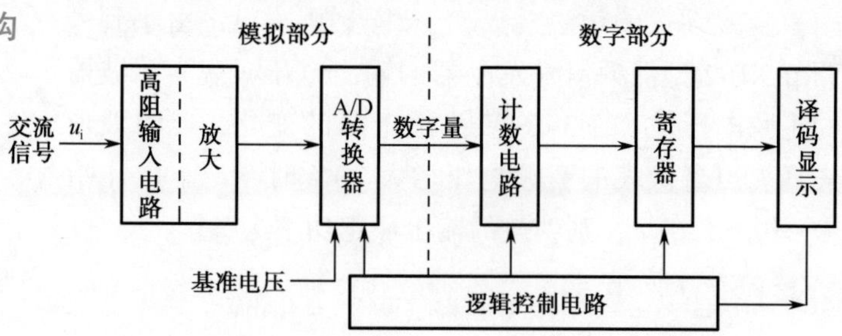

图 5-8 数字式交流毫伏表电路结构框图

由图 5-8 可见，数字式交流毫伏表包括高阻输入放大电路、A/D 转换器、计数器、寄存器、译码显示电路和逻辑控制电路等组成。

2. 数字式交流毫伏表各主要电路的工作原理

1）高阻抗输入电路和放大器

高输入阻抗 $R_{IN} \geq 10M\Omega$

为减小输入信号（尤其是 μV 量级的输入信号）的损失，仪表的输入端常设计为高输入阻抗，一般 $R_{in} \geq 10M\Omega$，$C_{in} \leq 30pF$。如此高的输入阻抗，通常采用复式射极跟随器或采用具有恒流源的差动放大器作为输入级。使用恒流源电路，可使差分电路抑制零点漂移的能力大为提高，提高共模抑制比（K_{CMR}）。

2）模数（A/D）转换器

A/D 转换器是将输入的模拟信号转换为与之成正比的数字量，因此 A/D 转换器是数字式交流毫伏表的核心部件。应用不同类型的 A/D 转换原理就能构成不同类型的数字式交流毫伏表。

常用的 A/D 转换器可分为比较型、积分型和复合型，下面扼要说明。

常用三种 A/D 转换器

（1）逐次比较型 A/D 转换器：将被测电压与基准电压比较，直到达到平衡，测出被测电压。它的原理与天平称重很相似，所不同的是，它用各种数值的电压作为砝码，将被测电压与可变的砝码（标准）电压进行比较。

逐次比较型原理

逐次比较型 A/D 转换器的数字式交流毫伏表的优点是测量速度快，分辨率和精度均较高，不足之处是抗干扰性差。

（2）积分型 A/D 转换器：利用积分原理，首先把被测电压转换为与之成正比的时间或频率，再利用电子计数器测量脉冲的个数，并通过脉冲数来反映与之成比例被测电压值。计数脉冲经译码，在显示器中显示对应的被测电压值。

积分后再计数—译码→被测电压

采用积分型 A/D 转换器的数字式交流毫伏表，虽然抗干扰能力强，但转换速度慢。

（3）复合型 A/D 转换器：将上述的比较型和积分型两种变换原理结合起来，取长补短，组成复合型 A/D 转换器，但 A/D 转换电路要复杂些。

复合型 A/D 综合两者优点但电路较复杂

3）计数电路

电子计数器的种类很多，但最基本的计数原理是对来自主门的信号脉冲进行计数，如图 5-9 所示。

电子计数示意图

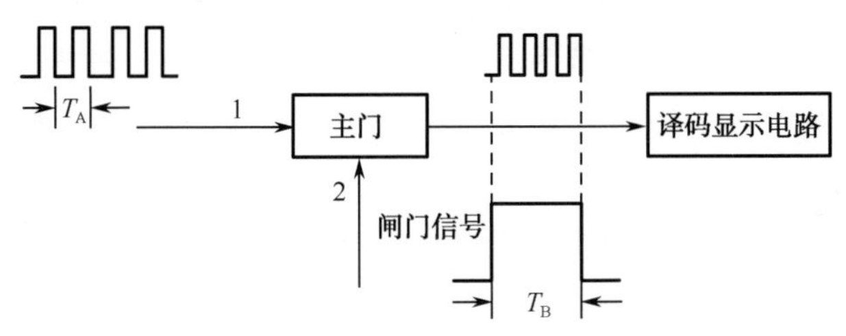

图 5-9　电子计数器简易方框图

由图 5-9 可见，从主门的 1 端加入周期为 T_A 的待计数脉冲，从 2 端输入宽度为 T_B 用于开门的闸门信号，假设在闸门信号的上升沿主门打开，则计数器对输入的脉冲信号进

行累加计数，在闸门信号的下降沿主门关闭，计数器停止计数，显然，计数器所计之数 N 为

闸门计数关系式

$$N=\frac{T_B}{T_A}=f_A T_B=\frac{f_A}{f_B} \tag{5-4}$$

由式（5-4）可见，图 5-9 所示的计数电路就可实现对周期 T，频率 f 和频率比 f_A/f_B 等多种参数的测量。

常用的为通用型电子计数器

最常见的计数器是通用电子计数器。所谓通用，是指具有测量频率或时间两种以上功能的电子计数器。在数字仪表中，最常用的是将 8421 码进行编码的十进制通用计数器。目前，计数器都已集成化，在使用时可当作一个逻辑部件使用即可。

4）寄存－译码显示

计数电路的输出脉冲寄存在寄存器中，经译码，则可在显示器中显示出被测电压。

逻辑控制电路对待测输入信号的模数（A/D）转换、数字脉冲信号计数、累加，到寄存、译码显示等整个工作过程进行程序控制和监测。

5.2.2　SM1020 型全自动数字式交流毫伏表

随着数字电路和数字集成技术的发展，数字式交流毫伏表的种类、型号日渐增多，但其基本电路结构大体类同，使用方法有很多类同之处，下面以 SM1020 型全自动数字式交流毫伏表为例说明数字式交流毫伏表的特点、功能、技术指标及使用方法。

1. SM1020 型数字式交流毫伏表简介

SM1000 系列数字式交流毫伏表采用模拟和数字技术相结合的设计方法，使用单片机控制技术和液晶显示技术，具有交流电压、dBV 和 dBm 三种测量功能，测量量程可自动转换也可手动转换，液晶显示清晰度高，视觉舒适，使用方便的优点。

数字式交流毫伏表

图 5-10是 SM1020 型数字式交流毫伏表的外形。该毫伏表适用于测量频率 5Hz～2MHz、电压为70μV～300V 的正弦波有效值电压，4 位数字显示，小数点自动定位，单位自动变换，有过压和欠压指示。输出、输入都悬浮，使用安全。

图 5-10 SM1020 型数字式交流毫伏表的外形

SM1020 型数字式交流毫伏表具备 RS-232 的接口功能，符合 EIA-232 通信标准的规定。传输速率为 2400bps，信息传输的每一帧数据均由 11 位组成，按 ASCII 码方式传送。

接口功能符合国家通信标准

SM1020 型数字式交流毫伏表广泛应用于科研院所、工厂、学校实验室等单位。

2. SM1020 型数字式毫伏表的面板配置和各部分功能

SM1020 型数字式毫伏表的面板图如图 5-11 所示。

1）各按键及其功能

下面按照图 5-11 所示面板图上的标号①→⑮依次列出名称，扼要说明其功能。

各自功能（按标号顺序）

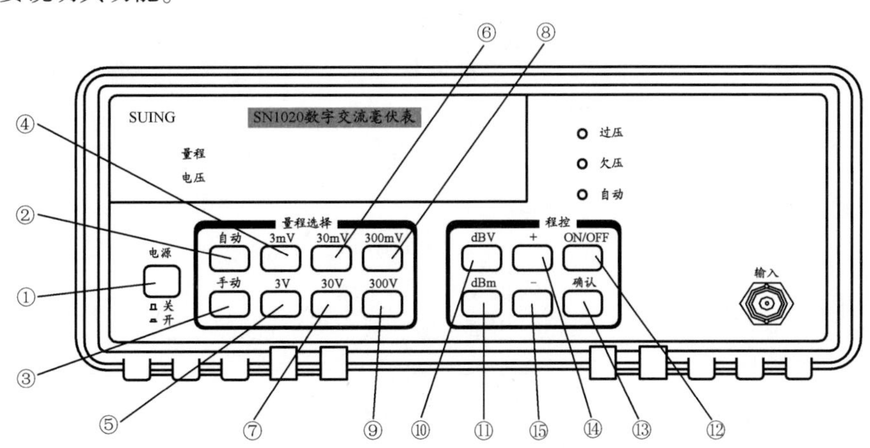

图 5-11 SM1020 型数字式交流毫伏表前面板图

① 电源开关：通电伊始，液晶屏显示厂标、型号后，进入初始状态；输入插座输进待测交流信号后，手动改变量程，量程 300V，显示电压和 dBV 值。

② 自动键：按下此键，则切换至自动选择量程。在自动位置，输入信号小于当前量程的 1/10，自动减小量程；

当输入信号大于当前量程的3/4倍，则自动加大量程。

③ 手动键：无论当前状态如何，按下此键便切换到手动选择量程，并恢复到初始状态。在手动位置，应根据“过压”和“欠压”指示灯的提示，改变量程：过压灯亮，增大量程；欠压灯亮，减小量程。

④~⑨ 3mV键~300V键：量程切换键，用于手动选择量程。

⑩ dBV键：切换到显示dBV值。

⑪ dBm键：切换到显示dBm值。

⑫ ON/OFF键：进入程控，退出程控。

⑬ 确认键：确认地址。

⑭ +号键：设定程控地址，起地址加作用。

⑮ -号键：设定程控地址，起地址减作用。

2）插座及其功能

（1）信号输入端插座：在仪表的前面板右下方，为初测信号输入端，其输入阻抗为10MΩ//30pF。

（2）电源插座：在仪表的后面板的右侧，为带熔丝（0.1A）的电源插座，接交流220V、50Hz电压源。

（3）RS-232通信接口插座：位于本仪表的后面板中央，用于程控接口。

3）指示灯及其功能

（1）自动指示灯：当自动键切换至自动选择量程时，该指示灯亮。

（2）过压指示灯：当输入电压超过当前量程的3/4倍，过压指示灯亮。

（3）欠压指示灯：当输入电压小于当前量程的1/10时，欠压指示灯亮。

3. 液晶显示屏

（1）开机时屏上会显示厂标和仪表型号。

4位数字显示清晰度高

（2）显示工作状态和测量结果。

① 设定和检索地址时，显示本机接口地址。

② 显示当前量程和输入通道。

③ 用4位有效数字、小数点和单位显示输入电压。分辨率为0.001mV~0.1V。过压时，显示值变为×××mV/V。

④ 用正负号、三位有效数字、小数点和单位显示输入电平（dBV或dBm）。分辨率为0.1dBV/dBm。过压时，显

示值变为××××dBV/dBm。

4. SM1202 型数字式交流毫伏表的使用方法

（1）开机与预热。按下面板上的电源开关，电源指示灯亮，仪器进入初始状态。仪表预热 30min。

（2）将输入端插座接上输入电缆（Q9 型）插头。

（3）手动测量。从初始状态（手动，量程 300V）输入初测信号，然后根据“过压”或“欠压”指示灯的提示手动改变量程：过压灯亮，说明信号电压大，应加大量程；欠压指示灯亮，则说明电压太小，应减小量程。

（4）自动量程的使用。可以选用自动量程。在自动状态，仪表可根据输入信号大小自动选择合适的量程：若过压指示灯亮，显示屏显示××××V，说明信号已超过 400V，超出了本仪表的测量范围；若欠压指示灯亮，显示屏显示 0，说明信号过小。

可自动转换

（5）电平单位的选择。根据测量需要，选择显示 dBV 或 dBm，但 dBV、dBm 不能同时显示。

自动显示 dBV 或 dBm

（6）关机后不可马上开机，时间间隔应大于 10s。

5. SM1202 型数字式毫伏表的 RS-232 接口性能和程控操作

1）RS-232 接口

（1）接口电平。逻辑“0”：+5V～+15V；逻辑“1”：－5V～－15V。

接口符合 EIA-232 标准

（2）信息传输格式。传输信息的每一帧由 11 位组成：1 个起始位，8 个数据位，1 个标志位，1 个停止位。传输格式符合 EIA-232 标准的规定。

（3）传输速率：2400bps。

（4）接口参数选择：如表 5-1 所示。

表 5-1　RS-232 接口参数

波特率	字长	校验	停止位
2400bps	8	无校验	1

传输速率 2400bps

（5）接口连接。采用 9 线标准连接器及三芯屏蔽电缆。

（6）系统组成。最多由 20 台仪器组成，连接电缆（仪器之间）总长度 $L \leqslant 100$m。

2）进入程控

开机后仪器工作在本地操作状态。按下“ON/OFF”键，显示“RS-232”屏幕左上角出现设定的地址 19，用“+”键和“－”键在 0～19 间设定所需地址。然后按“确

程控过程

认”键，结束地址设定，等待串口输入命令。仪器则进入程控操作状态。需要返回本地时，按下“ON/OFF”键即可。

3）地址信息

在仪器进入程控状态后，开始接收受控者发出的信息，根据标志位来判断是否是本机地址，若是本机地址，则开始接收此后的数据信息了。

4）程控命令

SM1020 接口命令码（以 ASCII 码方式传送）如表 5-2 所示。

表 5-2　接口命令码

命令码	auto	opte	3mV	30mV	300mV	3V
含义	自动	手动	量程	量程	量程	量程
命令码	30V	300V	dBV	dBm	read	
含义	量程	量程	电平单位	电平单位	读取显示值	

6. SM1020 型数字式毫伏表的功能特性和主要技术指标

1）主要功能特性

功能特性

- 数字技术和模拟技术相结合，微处理器控制。
- 液晶显示，清晰度高，4 位数字显示。
- 具有交流电压、dBV 和 dBm 三种测量功能。
- 测量量程可自动和手动转换。
- 小数点自动定位、单位自动转换。
- 有过压和欠压指示功能。
- 程控 RS-232 接口。
- 采用轻触式控制开关，手感好，使用便捷，寿命长。
- 外形尺寸及质量：$254\times103\times384$（mm^3），重 3kg。

2）主要技术指标

（1）测量范围。

主要指标

- 交流电压：70μV～300V；
- dBV：－80dBV～50dBV（0dBV＝1V）；
- dBm：－77dBm～52dBm（0dBm＝100mW，负载 $R_H=600\Omega$）；

（2）测量量程：3mV，30mV，300mV，3V，30V，300V。

（3）频率范围：5Hz～2MHz。

（4）电压测量误差，如表5-3所示。

表5-3　数字式交流毫伏表电压测量误差（20℃）

频率范围	电压测量误差
50Hz～100kHz	±1.5%读数±8个字
20Hz～500kHz	±2.5%读数±10个字
5Hz～2MHz	±4.0%读数±20个字

（5）分辨率，如表5-4所示。

dBV：±0.1dBV。

dBm：±0.1dB。

电压：0.001mV～0.1V。

表5-4　电压量程及相应分辨率

分辨率高

量程	幅度值	电压分辨率
3mV	3.0mV	0.001mV
30mV	30.0mV	0.01mV
300mV	300.0mV	0.1mV
3V	3.0V	0.001V
30V	30.0V	0.01V
300V	300.0V	0.1V

（6）最大不损坏输入电压，如表5-5所示。

表5-5　最大不损坏输入电压

限定工作电压

量程	频率	最大输入电压（有效值）
3V～300V	5Hz～2MHz	450V
3mV～300mV	5Hz～1kHz	450V
	1～10kHz	45V
	10kHz～2MHz	10V

（7）噪声：输入短路时，显示为0个字。

（8）输入阻抗：10MΩ//30pF。

（9）预热时间：30min。

（10）供电电源：～200×（1±10%）V，50×（1±5%）Hz。

（11）功耗：≤10V·A。

（12）环境条件。

- 温度：0℃～+40℃；相对湿度：20%～90%（40℃）。
- 大气压力：86～106kPa。

同步自测练习题

1. 在电工测量中，万用表的应用非常广泛。但它不适合用于较高频率的电子电路的测量，这是为什么？

2. 模拟式毫伏表在测量交流信号电压时，为什么须经过交流－直流交换器？常见的模拟式毫伏表，按其电路组成的方式不同，主要有几种类型？

3. DA－16 型晶体管毫伏表属于哪种类型电压表？它有什么优点和缺点？

4. 如何正确使用 DA－16 型晶体管毫伏表？

5. 图 5-7 是一幅有关功率放大器的综合测试示意图。请读者细读，指出图中的信号源（XD-2 型）、毫伏表（DA－16 型）及示波器在该测试中的作用，以及输出电压（或波形）与输入信号变化（从小到大）之间的关系。弄清测试步骤与功放电路的不失真功率 P、额定功率 P_0 和最大输出功率 P_m 之间的关系。

6. 数字式交流毫伏表（也称数字电子电压表）与模拟式毫伏表相比，有哪些显著特点？

7. SM1020 型数字式交流毫伏表的主要技术指标有哪些？

8. 含数字式交流毫伏表根据其所用 A/D 转换器，可分为几种类型，各有什么特点？

同步自测练习题参考答案

1. 答 在电工测量中，人们会首先想到用万用表测量电压、电流。但电工中的电压通常仅限于工频 50Hz 至几百 Hz 范围内的正弦波信号电压。对于工作在较高工作频率的电子电路，再用普通电工仪表是不能进行有效测量的。电子电路的电压具有如下特点。

（1）频率范围宽。电子电路中电压的频率可以在零赫（直流）至数百兆赫（MHz）范围内变化，不同频段的电压量需要用与之相应的电压表进行测量。

（2）电压量程宽。电子电路的电压下限值可低至 μV（10^{-6}V），而上限可高至上千伏（kV），这就要求所使用的电压测量仪器的量程相当宽。

（3）输入阻抗高。电压测量仪器的输入阻抗就是被测电路的额外负载。为了减小仪器的接入对被测电子电路的影响，要求测量仪器应有尽可能高的输入电阻和尽可能低的输入电容。

（4）电子电路中除有正弦波电压外，还会有大量的非正弦电压或波形，在进行电压测量时，不同波形、不同频率分量对均值电压或有效值电压均有影响，增大测量误差等。

电子电路中的电压所具有的频率范围宽、幅度差别大及波形的多样化，对有效测量电压都提出了相应的要求。用电工测量中常用的万用表对各式各样的电子电路进行电压测量是不适合的。

2. 答 模拟式毫伏表（也称模拟式电子电压表）的种类很多，但这类电压表一般是采用磁电式直流电流表作为被测电压的指示器。磁电式电流表头只能以定量的直流电流驱动电磁线圈，使指针偏转指示其大小。因此，在测量交流电压时，须经过交流－直流变换器，将被测交流电压先转换成与之成比例的直流电压后，再进行直流电压的测量。

根据电压表电路组成方式的不同，模拟式毫伏表主要有三种类型：放大—检波式、检波—放大式和外差式模拟毫伏表。有关这三种毫伏表的原理框图、作用原理和特点，请读者查看5.1.1节模拟电子毫伏表的分类及其特点。

3. 答 DA16型晶体管毫伏表属于放大—检波式电子电压表，见图5-1。它是先将被测交流电压进行放大，再加到检波器上进行检波，最后用直流电流表指示其电压读数。放大—检波式的交、直流转换电路的输出电流 $\bar{I}$ 与输入电压的平均值 $\bar{U}$ 成正比，即公式 $\bar{I}\propto K\bar{U}$（式5-3），则平均值 $\bar{U}=\frac{1}{T}\int_0^T u(t)\,\mathrm{d}t$（式5-1）。由于放大—检波式电路存在 $\bar{I}\propto K\,\bar{U}$ 关系，故由这种电路组成的电压表称作均值型电压表。

均值型电压表的优点：由于放大—检波式电压表在电路结构上采用了由多级宽带放大器先放大，后检波，这就避免了检波电路在小信号时检波造成的刻度非线性，且使电压表的灵敏度得到提高。同时，使放大—检波式电压表的测量范围加宽，从几微伏（μV）扩展至几百伏（或上千伏），故这种电压表又称为晶体管毫伏表。

均值型电压表存在的缺点：由于放大器的放大倍数很高，使放大器的带宽受限制，加上受放大器内部噪声的限制，同为这种类型的DA－16型晶体管毫伏表的频率范围为20Hz～1MHz，而DA-12型毫伏表的频率范围为30Hz～10MHz。由于这类电压表的频率不高，常称为“视频毫伏表”。

4. DA16-1型毫伏表的使用，请参看5.1.3节的4中的使用方法。

5. 答 图5-7的乙类推挽功放是由三种仪表（信号源、毫伏表和示波器）协同配合进行的综合测试。通过XD－2型低频信号发生器输出的音频信号（由小逐渐变大）的变化，观察电路各点的电压波形，察看信号的放大过程及波形失真情况及对不失真功率 P、额定功率 P_0 和最大输出功率 P_M 的变化情况，可深入理解双管推挽功放的工作原理，提升学习科学知识和进行实验的兴趣。

图5-7中的被测电路为乙类推挽功放，也可因地制宜，改用无输出变压器的OTL功放、无输出电容器的OCL功放或晶体管放大电路等。同样，电测仪器也可选用身边其他型号的信号源、毫伏表或示波器，其使用方法基本类同。不管是仪器或被测电路，大都有举一反三、触类旁通的作用。

6. 答 数字式交流毫伏表有如下特点。

（1）采用了单片机控制和液晶显示技术，使模拟技术与数字技术得到很好的结合。

（2）具有交流电压、dBV和dBm三种测量功能。

（3）显示：液晶显示器，清晰度高，显示电压4位、电平3位。

（4）量程可自动转换，也可手动转换。

（5）小数点自动定位，单位自动转换。

（6）具有过压和欠压指示。

（7）具有系统联机和程控（RS-232）接口，传输速率2400bps。

（8）输入阻抗高，10MΩ//30pF（模拟式毫伏表为1MΩ//50pF）。

7. SM1020 型数字交流毫伏表的主要技术指标，参见 5. 2. 2 节 6 中的内容。

8. 答 数字式交流毫伏表根据其所用 A/D 转换器，可分为如下三种类型。

（1）逐次逼近比较式 A/D 转换型电压表。特点：这种电压表的测量速度快，测量精度和分辨率比较高，但抗干扰能力差。

（2）积分型 A/D 转换型电压表。特点：这种电压表的抗干扰能力强，但测量速度偏低。

（3）复合型 A/D 转换型电压表。特点：这种表将逐次比较型和积分型 A/D 转换技术相结合，组成复合型 A/D 转换器，使电子电压表的测量速度、精度和分辨率、抗干扰能力都得到保证，但电路变得复杂。

第 6 章

电子示波器

本章知识结构

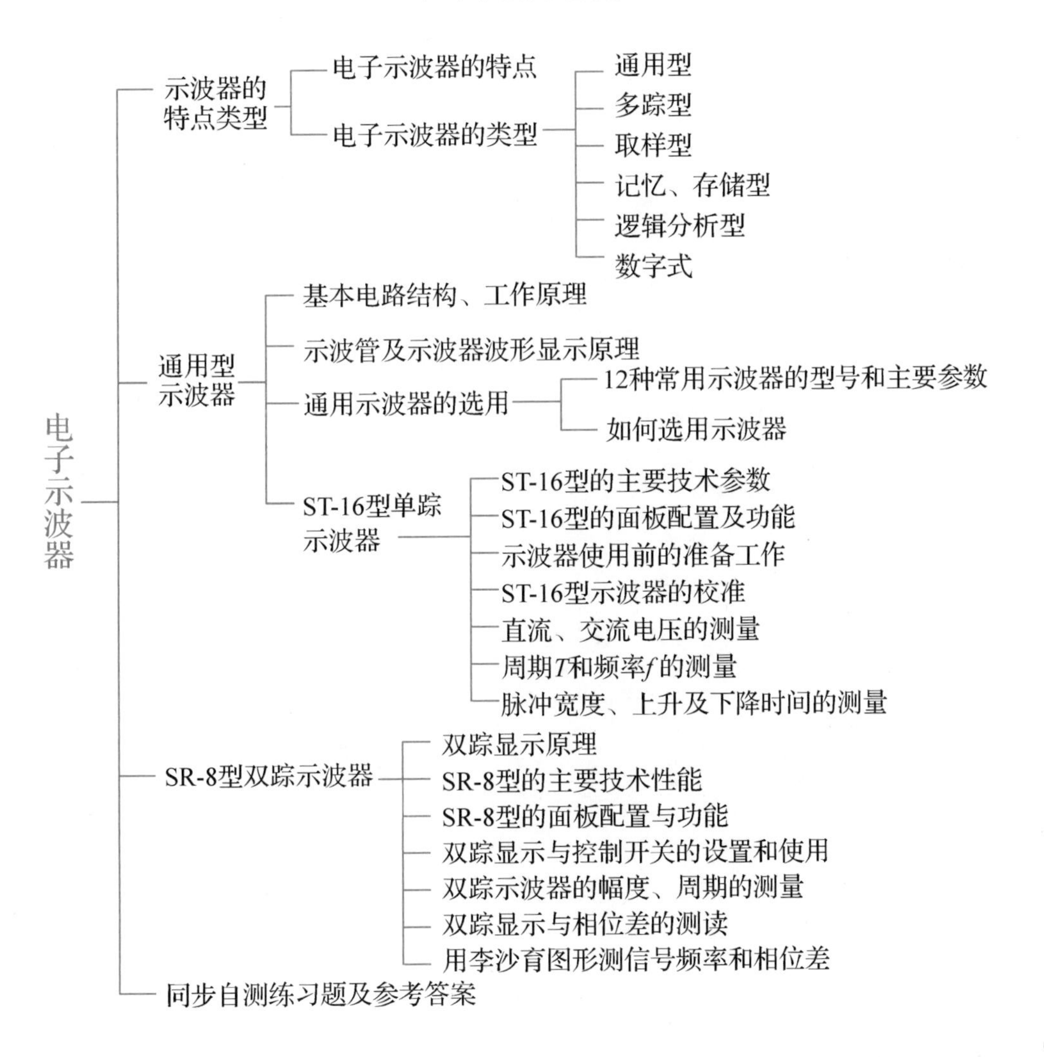

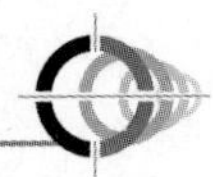

6.1　电子示波器的特点及类型

电子示波器（简称示波器）是一种以阴极射线示波管作为显示器的一种电子测量仪器。

示波器能把肉眼看不见的电信号的时变规律，以可见的形象展示出来，既可用来观测被测信号的波形，也可以用于测量被测信号的电压、电流、周期、频率、相位等参数。利用传感器，示波器还可测量各种非电量，甚至人体的某些生理现象。因此，在工农业生产、遥控遥测、远程医疗诊断、科学研究等方面，示波器是被广泛使用的一种电子测量仪器。

6.1.1　电子示波器的特点

示波器作为被广泛使用的电子仪器，具有以下特点。

（1）示波器能定性地观测信号的动态波形，并测量信号的瞬时值。

（2）输入阻抗高（≥1MΩ），对被测电路（或系统）影响小。

（3）测量灵敏度高，可观测到微弱的电信号。

（4）工作频带宽，速度快，适于观测瞬变信号的细节。

（5）配上变换器，可观测各种非电量，也可以组成综合测量仪，扩展其功能。

（6）示波器还是一种良好的信号比较仪，用它可作为笛卡儿坐标或极坐标显示器，还可组成半自动或自动测试仪（或系统）。

六大特点应用范围广、拓展功能强

6.1.2　电子示波器的类型

示波器的种类、型号繁多，按其用途和功能可分为以下几大类。

常见的示波器

1. 通用示波器

示波器是根据电荷在磁场中运动时受到洛仑兹力的作用和高速电子束轰击荧光屏使之发光的原理构成的。通用示波器是对电信号进行定性和定量观测的最常用的示波器。按其 Y 信道（即垂直信道）的通频带宽度，可分为以下五种。

（1）低频示波器。Y 信道的频带宽度 B_W 在 100 ~ 500kHz，适于测低频信号。

（2）普通示波器。Y 信道频带宽度 B_W 在 5～6MHz，适于测一般信号。

（3）高频示波器。Y 信道频带宽度 B_W 在 100MHz，适于测高频信号。

（4）甚高频示波器。Y 信道频带宽度 B_W 在 1000MHz，适于测甚高频信号。

（5）宽带示波器。Y 信道频带宽度在 6MHz 以上，有的示波器的上限频率已达 1000MHz 以上。这种示波器一般能进行双踪显示。

2. 多踪示波器

何为多踪示波器

双踪示波器可同时显示两个信号波形；多踪示波器可同时显示多个信号波形。多踪示波器是以一条电子束利用电子开关形成多条扫描线，可同时观测和比较两个以上信号的仪器。

3. 取样示波器

采用取样技术用于精细观测

通过采用取样技术，将高频信号转换成模拟的低频信号，然后由通用示波器将低频信号显示出来。取样示波器一般用于观测频率高、速度快的脉冲信号。

4. 记忆示波器和存储示波器

记忆存储再现

这两种示波器均具有存储信号功能。前者采用具有记忆功能的示波管存储信息；后者是利用数字存储器将被测信号保存起来。这两种示波器所具有的保持信息功能，就能将单次瞬变过程、非周期变化或低重复频率信号保存下来，以便于仔细观测、比较、分析和研究。

5. 逻辑示波器

逻辑示波器主要用以分析数字系统的逻辑关系，故又称逻辑分析仪。

6. 数字示波器

数字示波器将被测信号经 A/D 转换器送入数据存储器，再应用微处理器以数字形式记录波形，自动显示测量结果，测量速度快。

6.2 通用示波器

通用示波器的特点

通用示波器采用单束示波管，依靠示波管将被测信号直观地在荧光屏上显示出来，并对信号进行定性和定量的观测。由于通用示波器相对于多踪示波器、取样示波器、记忆

或存储示波器等的电路结构较简单、技术十分成熟、性能稳定、制作成本低、价格也低，使通用示波器广泛用于工农业生产、科研院所、大专院校、职校、技校中，在电子产品和家电维修中也已成为重要的维修工具，使维修效率大大提高。通用示波器已成为最灵活多用的电子测量仪器而得到广泛应用。

6.2.1　通用示波器的基本电路结构及工作原理

图6-1是通用示波器的基本电路结构框图。它主要由垂直偏转系统（简称Y通道）、水平偏转系统（简称X通道）、示波管电路、电源电路及附属电路等组成。

基本电路结构

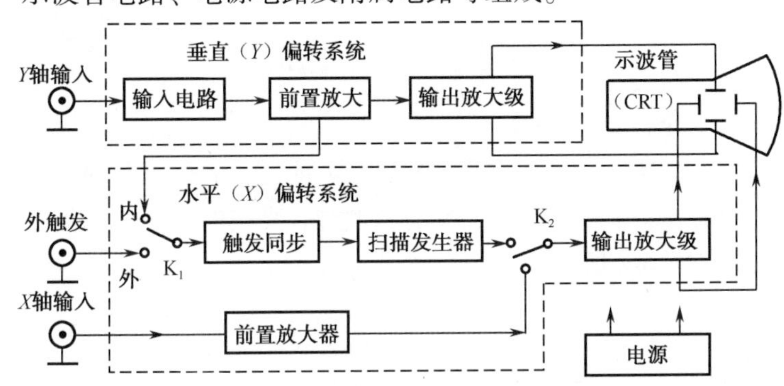

图6-1　通用示波器的基本结构框图

1. 垂直（Y）偏转系统

Y偏转系统的功能、组成

垂直偏转系统主要由输入电路、Y前置放大器、输出放大电路等组成。输入电路包括探针、高阻抗变换器和衰减器等，将被测信号引入，为前置放大器提供良好的工作条件。Y前置放大器用来放大送来的输入信号。Y输出放大级常采用差分放大器组成，放大后的信号推动示波管的Y偏转板。差分放大电路具有较好的抗干扰性能。

2. 水平（X）偏转系统

X偏转系统锯齿扫描形成基线

水平偏转系统包括触发同步电路、扫描发生器和水平放大电路。扫描发生器产生锯齿波电压，经水平放大电路放大后，送入示波管的水平偏转板，使电子束在水平方向上随时间线性偏移，形成时间基线。

3. 示波管电路

CRT显示信号

示波管是阴极射线管（CRT）的简称，是示波器的核心部件，依靠它才能将被测信号直观地显示出来。示波管的各极加上相应的控制电压，对阴极发出的电子束进行加速和聚

焦，使高速的电子束轰击荧光屏形成光点。

4. 电源电路

电源电路包括直流低压和直流高压两部分。低压电源给各单元电路提供工作电压；高压电源供给示波管各极的控制电压。示波管的灯丝电压也由交流低压供给。

5. 附属电路

附属电路包括示波器的校准信号和时标信号发生器、增辉电路。校准信号发生器是产生一个幅度和频率准确已知的标准方波信号。将方波信号输入到示波器的 *Y* 通道作为被测信号，在荧光屏显示出来，根据此信号显示的波形对示波器进行校准。

6.2.2 示波管及波形显示原理

1. 示波管（CRT）

CRT 功能：
将电信号转换为光信号

示波管是一种将被测信号转换成光信号的显示器件。在电子示波器中应用最多的是静电偏转式真空电子管，其基本结构如图 6-2 所示。

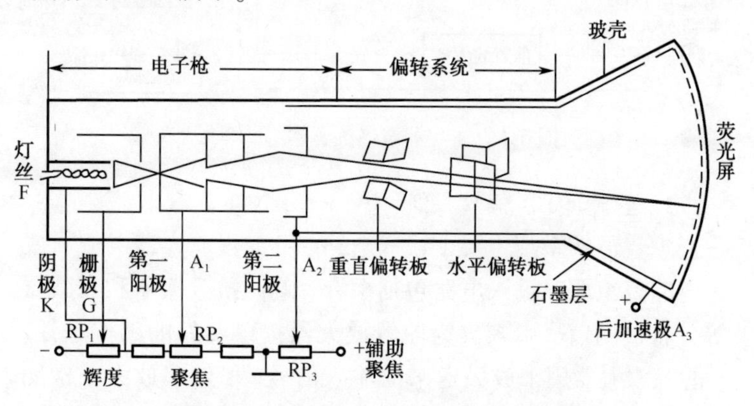

图 6-2　示波管结构示意图及其供电电路

示波管主要由三部分组成，即电子枪、偏转系统和荧光屏，整个示波管为玻璃壳体密封，为一个大型电真空器件。

1）电子枪

示波管的主要组成

电子枪的作用是发射电子并形成很细的高速电子束。电子枪由灯丝 F、阴极 K、控制栅极 G、第一阳极 A_1 和第二阳极 A_2 组成。

（1）灯丝：用于加热阴极，使阴极发射电子。

（2）栅极：一个顶端开孔的圆筒，套在阴极外围，它控制射向荧光屏的电子流密度，从而改变荧光屏上亮点的辉

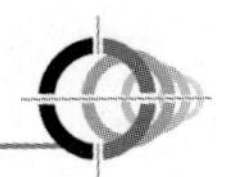

度。调节电位器 RP_1 可改变栅极、阴极之间的电位差，从而改变荧光屏的亮度，故 RP_1 称为“辉度”电位器。

（3）第一阳极 A_1、第二阳极 A_2：A_1、A_2 对电子束有加速作用，同时和控制栅极 G 构成对电子束的控制系统，起聚焦作用。与 A_1、A_2 相连的电位器 RP_1、RP_2，分别称为“聚焦”和“辅助聚焦”电位器。

2）偏转系统

偏转系统组成及基本功能

在第二阳极 A_2 的后面，有两对相互垂直的偏转板，垂直偏转板靠近 A_2，水平偏转板在后，组成偏转系统。两对极板间各自形成静电场，分别控制电子束在垂直（Y 轴）方向和水平（X 轴）方向的偏转。

从电子枪射出的电子束，在受到电场的作用时，则其运动方向就会偏离轴线，使荧光屏上的光点产生位移。

3）荧光屏

光亮点的形成

荧光屏的玻璃壳内壁涂有一层磷光物质，形成荧光膜。荧光屏在受到高速运动着的电子轰击后，将动能转化为光能，形成亮点。当电子束随信号偏转时，这个亮点的移动轨迹就形成了信号的波形。

余辉的作用

当电子束停止作用后，光点仍能在屏幕上保持一定时间，这就是“余辉”。不同的荧光材料的余辉时间不同，根据示波器的用途不同，应选用不同余辉的示波管。一般情况下，通用示波器选用中余辉（1ms～0.1s）的示波管，慢扫描示波器则使用长余辉（0.1～1s）的示波管。

2. 示波器的波形显示原理

电信号转换成高速电子束→动能→光能→亮点$\xrightarrow[\text{（余辉）}]{}$信号波形

示波器显示被测信号波形是依靠示波管与垂直（Y）偏转和水平（X）偏转系统、扫描电路协同配合、共同作用的结果。显示信号的过程如下：为使电子枪发射电子并形成很细的高速电子束，首先得给灯丝加电使之发热，阴极 K 被烤热便大量发射电子。因栅极 G 是一个顶端有小孔的圆筒，加之栅极电位比阴极 K 的低，故只有部分电子能穿过栅极。穿过栅极的电子在两个阳极 A_1 和 A_2 高电压的加速作用下，在电子枪内形成很细的高速电子束往荧光屏方向运动。电子束在经过加有偏转电压的垂直（Y）偏转板和水平（X）偏转板时，受偏转系统电场的作用，电子束的运动轨迹就会随电场的变化而变化。这种轨迹变化的高速电子束轰击荧光屏，便将其动能转化为光能，产生亮点。当电子束随信号电压（并伴有电场的形成）偏转时，这些光点的移动轨迹就形成了信号的波形。

光点在屏上的运动轨迹形成了信号图形

由于荧光屏上的荧光材料有一定的余辉时间，加之人的视觉的惰性（即暂留现象），我们看到的光点是亮点在荧光屏上连续移动的效果。

总之，电子束在被测信号电压与同步扫描电压的共同作用下，亮点在荧光屏上的运动轨迹（或图形）反映了被测信号随时间的变化过程。当电场周期性地变化时，荧光屏上就显现出稳定的波形或图像。

6.2.3 通用示波器的选用

表6-1列出了国内常见的部分单踪和双踪示波器。

表6-1 常用示波器主要技术性能

型号	频带宽度	工作方式	灵敏度	扫描速度	输入阻抗
ST-16（单踪）	DC～5MHz	常态	(20mV～10V)/div	0.1～10μs/div	1MΩ/35pF
SR-8（双踪）	DC～15MHz	Y_A、Y_B、 Y_A+Y_B、 交替、断续	(10mV～20V)/div	(0.2μs～1s)/div	1MΩ/50pF
SR-75A（双踪）	DC～30MHz	Y_A、Y_B、 Y_A+Y_B、 交替、断续	(0.01～5V)/div	(0.2μs～1s)/div	1MΩ/35pF
WC4310（双踪）	DC～20MHz	Y_A、Y_B、 Y_A+Y_B、 Y_A-Y_B、 交替、断续	(10mV～5V)/div	(0.1μs～0.5s)/div	1MΩ/35pF
CA8020（双踪）	DC～20MHz	Y_A、Y_B、 Y_A+Y_B、 交替、断续	(5mV～5V)/div	(0.2μs～0.5s)/div	1MΩ/25pF
CA8042（双踪）	DC～40MHz	Y_A、Y_B、 Y_A+Y_B、 Y_A-Y_B、 交替、断续	(5mV～5V)/div	(0.2μs～0.2s)/div	1MΩ/25pF
BS430（双踪）	DC～35MHz	Y_A、Y_B、 Y_A+Y_B、 Y_A-Y_B、 交替、断续	(2mV～10V)/div	(0.1μs～0.5s)/div	1MΩ/27pF

续表

型　　号	频带宽度	工作方式	灵敏度	扫描速度	输入阻抗
XJ463(双踪)	DC ~ 100MHz	Y_A、Y_B、Y_A+Y_B、Y_A-Y_B、交替、断续	(10mV ~ 5V)/div	(0.05μs ~ 0.2s)/div	1MΩ/23pF
XJ430(双踪)	DC ~ 30MHz	Y_A、Y_B、Y_A+Y_B、交替、断续	(10mV ~ 5V)/div	(0.2μs ~ 1s)/div	1MΩ/21pF
ST-23C(双踪)	DC ~ 200MHz	Y_A、Y_B、Y_A+Y_B、交替、断续	(10mV ~ 10V)/div	A:(10ns ~ 0.2s)/div B:(20ns ~ 50ms)/div	1MΩ/20pF
ST-21(双踪)	DC ~ 300MHz	Y_A、Y_B、Y_A+Y_B、交替、断续	(5mV ~ 5V)/div	A:(10ms ~ 0.2s)/div B:(10ns ~ 5ms)/div	1MΩ/16pF
SS-5421(双踪)	DC ~ 350MHz	Y_A、Y_B、Y_A+Y_B、交替、断续	(5mV ~ 5V)/div	A:(10ms ~ 0.5s)/div B:(10ns ~ 50ms)/div	1MΩ/17pF

为对被测信号进行有效的检测，就必须正确地选用合适的示波器类型。

1. 根据被测信号的频率范围来选择

示波器的通频带宽度是按垂直信道（Y信道）的频带宽度划分的。若Y（轴）信道的通频带越宽，则被测信号通过该信道的波形失真越小。因此，一般要求示波器的通频带上限频率f_B应高于被测信号最高频率f_H几倍，通常取$f_B \geqslant 3f_H$。若专用于中波调幅（AM）收音机生产线上的信号检测，则ST-16型通用示波器即可满足要求。

取$f_B \geqslant 3f_H$

2. 根据被测信号需显示的个数来选择

若只需观测一个信号，则可选择单踪示波器，如ST-16型等；若需要同时观测或比较两个信号，则可选择双踪示波器，如SR-8型或CA8020型等。

根据需求，综合考虑

3. 根据示波器的上升时间t_r来选择

为准确地测量被测信号波形的上升时间，通常要求示波器的上升时间应比被测信号上升时间少1/3。而示波器的通

信号上升时间t_r

频带宽度与其自身的上升时间 t_r 存在如下关系：

$$f_B \times t_r \approx 0.35 \quad (6\text{-}1)$$

式中，f_B 的单位为 MHz；t_r 的单位为 μs。

若要观测一个上升时间为 0.03μs 的脉冲信号，则要求示波器的通频带宽为 $f_B \times 0.03 \div 3 \approx 0.35$，则 $f_B = 35$MHz。据此，可选择 BS4340 型（DC ~ 35MHz）或 CA8042 型（DC ~40MHz）示波器。

6.3 ST-16 型单踪示波器

经济实用型

ST-16 型单踪示波器是一种经济实用的小型单踪通用示波器。它有较高的灵敏度和一定的频率范围，通用性能好，操作方便，功能齐全，能满足一般需要。

6.3.1 主要技术性能

主要性能指标

X 轴系统

1. *X* 轴（水平）系统主要性能参数

（1）频带宽度：10Hz ~ 200kHz。

（2）输入阻抗：1MΩ//55pF。

（3）输入灵敏度：≤0.5V（峰 – 峰值）/div。

（4）扫描时基：（0.1μs ~ 10ms）/div，共分 16 挡，误差≤ ±10%。

（5）微调比：≥2.5∶1。

（6）触发电平：内触发时，≥1V；外触发时，≥0.5V。

2. *Y* 轴（垂直）系统主要性能参数

Y 轴系统

（1）频带宽度：直流频带宽度为 DC ~ 5MHz（3dB），交流频带宽度为 10Hz ~ 5MHz（3dB）。

（2）输入灵敏度：（20mV ~ 10V）/div，误差≤ ±10%。

（3）微调比：≥2.5∶1。

（4）输入阻抗：1MΩ//30pF，经衰减探头后为 10MΩ//15pF。

（5）测量电压范围：1mV ~ 400V（DC + AC 峰-峰值）。

（6）标准校正信号：50Hz，100mV（±5%）的方波。

6.3.2 ST-16 型单踪示波器面板的配置及功能

ST-16 型单踪示波器的面板布置图如图 6-3 所示，主要开关、旋钮的功能如表 6-2 所示。

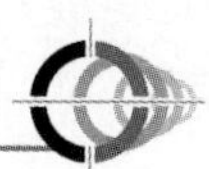

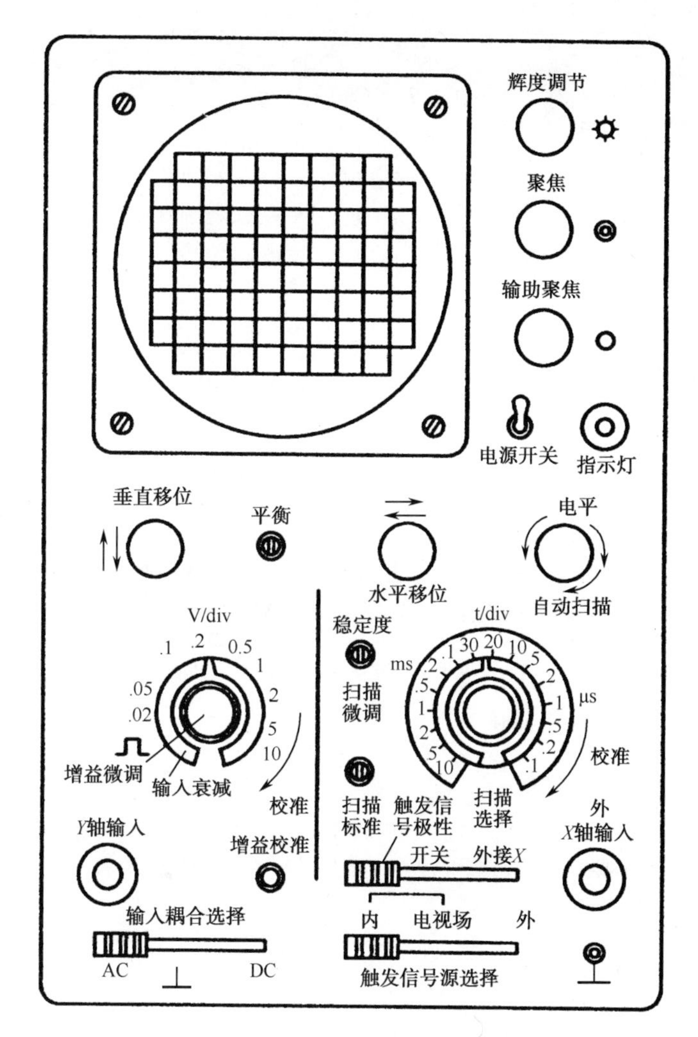

ST-16 型单踪示波器面板

图 6-3　ST-16 型示波器面板图

表 6-2　ST-16 型单踪示波器各开关、旋钮的功能

名　　称	标　　记	功能说明
电源开关	开　　关 ON　OFF	接通（ON），指示灯亮 切断（OFF），指示灯灭
辉度调节	☼	改变光迹亮度，顺时针旋转加亮，反转变暗
聚焦调节	◎	调节电子束焦距，使光点聚焦，显示清晰
Y 灵敏度选择	V/div V/cm	垂直灵敏度步进选择开关，根据被测电压幅值选择合适的挡位，以利于观测。当“微调”置于“校准”位置时，V/cm 或 V/div 所在挡级的标准即可视为垂直系统灵敏度
Y 灵敏度微调	微调	连续调节 Y 增益，定量测量时应置“校准”位置

续表

<table>
<tr><th>名　称</th><th>标　记</th><th colspan="2">功能说明</th></tr>
<tr><td>垂直位置调节</td><td>↑↓</td><td colspan="2">改变光迹在 Y 方向位置，顺时针光迹上移，逆时针下移</td></tr>
<tr><td>Y 输入耦合方式选择</td><td>AC⊥DC</td><td colspan="2">改变垂直被测信号输入的耦合方式，“AC” 输入端处于交流耦合，使屏幕上信号波形位置不受直流影响，“DC” 输入端处于直流耦合状态，用于观察缓慢变化信号上确定输入端为 0 电平时光迹的基准位置</td></tr>
<tr><td>Y 灵敏度校准</td><td>校准</td><td colspan="2">调节 Y 通道增益，当 Y 灵敏度微调置校准位置时，以机内信号为测试比较信号</td></tr>
<tr><td>水平位置调节</td><td>⇆</td><td colspan="2">调节屏幕上光点或信号波形在水平方向上的位置，顺时针方向旋转右移，反之则左移</td></tr>
<tr><td>扫描速度选择</td><td>t/cm 或 t/div</td><td colspan="2">步进粗调扫描速度，根据被测信号频率，选择适当的挡级位置。当扫描微调旋钮置于“校准”时，t/cm（或 t/diV）挡级的标称值被校准可视为扫描时间因数</td></tr>
<tr><td>扫描微调</td><td>微调</td><td colspan="2">用于连续调节扫描时间因数，做定量测定时，应置校准位置</td></tr>
<tr><td>X 输入通道选择开关</td><td>X 选择</td><td colspan="2">触发源选择，置“内”（或扫描）时，X 放大器以机内锯齿波为扫描电压，置“外”时，为 X 外接信号</td></tr>
<tr><td>触发源选择开关</td><td>内、外、电视场</td><td colspan="2">选择触发输入信号源，置“内”时，扫描触发信号取自垂直放大器；置“外”时，由外触发信号启动扫描，不受示波器垂直系统控制的影响；置“电视场”时，触发信号取自 Y 输入电视场同步或行同步信号</td></tr>
<tr><td>触发电子调节</td><td>电平</td><td>选择触发信号触发电路工作的电平，当调至触发信号电平之外时，不能形成扫描</td><td rowspan="2">电平与“+、-”配合使用，可任意选择触发信号波形的触发点，故可任意选择所显示波形的起始点</td></tr>
<tr><td>触发极性选择</td><td>+、-</td><td>选择触发斜率，置“+”时，触发点位于触发信号波形的上升部分；置“-”时，位于触发波形的下降部分</td></tr>
</table>

6.3.3　使用 ST-16 型示波器前的准备工作

1. 使用前要检查供电电源

注意电源的种类

ST-16 型示波器的正常电源电压为 220V±10%。初次通电或久藏后使用时，应检查电源电压是否符合要求。使用场所的供电电源为 110V 时，可按使用说明书将 ST-16 型示波器的后盖拆开进行调整。

2. 通电前准备

通电前，应将面板上各控制旋钮置于表6-3所示的位置。

通电前，各旋钮的预置位置

表6-3　ST-16型示波器通电前面板上控制旋钮的设置

旋钮名称	标　记	设置位置
辉度	¤	左旋到底
垂直位移	↑↓	中
水平位移	⇄	中
电平	电平自动扫描	自动
输入耦合选择	AC⊥DC	⊥
扫描速率选择	t/div	1～10ms
输入衰减	V/div	0.1～1V
触发信号源选择	内、电视场、外	内
触发信号极性开关	+、-、外接X	+

3. 接入信号前的相关开关、旋钮的调节

加高压前注意CRT需预热

（1）接通电源，预热2min左右（用于CRT预热），调节辉度旋钮，使荧光屏上出现一条适宜的水平亮线。调节X轴和Y轴位移，将水平线调至屏幕中央位置。

（2）调节聚焦及辅助聚焦旋钮，使水平亮线细而清晰。

（3）根据待观察信号性质、频率和幅值设置控制旋钮。若信号为正弦波、频率为1kHz、电压有效值为0.7V，控制旋钮设置如表6-4所示，其他旋钮仍保持表6-3的设置。

表6-4　控制旋钮的设置

旋钮名称	标　记	设置位置
输入耦合选择	AC⊥DC	AC
触发信号极性	+、-、外接X	+
扫描速率选择	t/div	0.2ms
输入衰减	V/div	0.5V

4. 加入待测信号，观测信号波形

调节信号发生器，输出正弦波信号$f=1000$Hz、$U=0.7$V加至示波器的Y轴输入端。调节相关旋钮，使该正弦信号在扫描频率为0.2ms/div挡级时，在水平方向占的格数为$1\div0.2=5$格，则在整个荧光屏宽度10格正好可容纳两个周期的正弦波，如图6-4所示。

为便于观测，两周期取 10 格

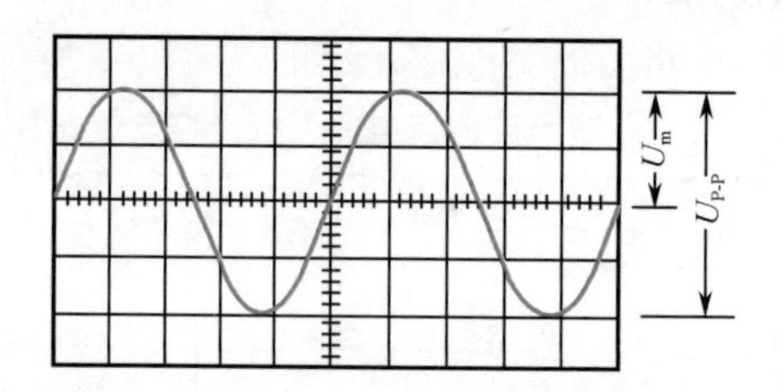

图 6-4　荧光屏上两个周期的正弦波

计算 U_{P-P} 电压

当输入电压 $U_i=0.7V$ 时，选择输入衰减“V/div”为 0.05V，则峰值电压 $U_m=\sqrt{2}U_i=\sqrt{2}\times0.7\ (V)\approx1V$，其峰–峰电压 $U_{P-P}=2U_m=2V$，则 U_{P-P} 在荧光屏 Y 轴方向占 4 格。

6.3.4　使用 ST-16 型示波器的校准

当示波器进行上述调试后，调节面板上的平衡电位器，并改变灵敏度 V/div 挡级开关，显示的扫描基线不发生 Y 轴方向上的位移。然后按表 6-5 所示设置示波器面板上各旋钮，ST-16 型示波器即进入校准状态。

测试前各旋钮应进入校准状态

表 6-5　ST-16 型示波器的校准状态

旋钮名称	标　记	设置位置
输入衰减	V/div	⎍
微调	红色	校准
扫描速率选择	t/div	2ms
输入耦合选择	AC⊥DC	⊥
触发信号极性开关	+、-、外接 X	+
触发信号源选择	内、电视场、外	内
输入耦合选择	AC⊥DC	⊥

校准方波

逆时针方向慢慢转动电平旋钮，直至校准方波得到同步并稳定。调节水平和垂直移位旋钮，将方波波形移至屏幕中间，如图 6-5 所示。此时，荧光屏显示方波垂直幅度值为 5div，水平轴上宽度为 10div。

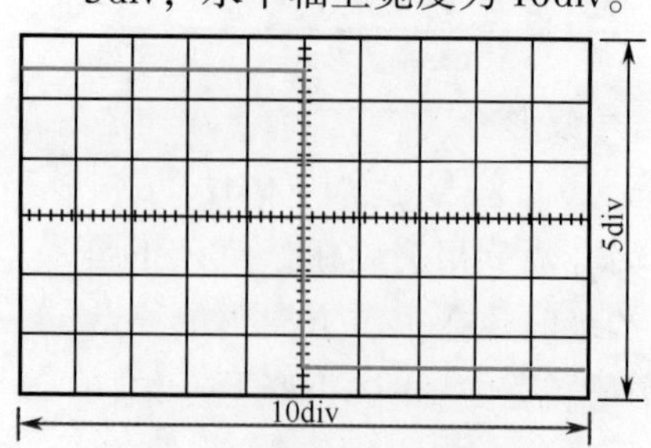

图 6-5　荧光屏上的校准方波

6.3.5 直流电压的测量

电压测量是在 Y 轴方向上进行的。测量时，先将示波器的垂直偏转灵敏度“微调”旋钮置于“校准”位置上，这样就可以按“V/div”的指示值直接读取被测信号的电压数值。

测前，应先校准

(1) 将 Y 轴输入耦合选择开关置于“⊥”，采用自动触发扫描，使荧光屏上显示一条扫描基线。

(2) 调节垂直位移旋钮，使扫描基线正好处于坐标上。

测量步骤

(3) 将 Y 轴被测信号输入耦合方式转换开关置于“DC”位置。

(4) 将被测信号经 10:1 衰减探头或直接送入 Y 轴输入插孔。

(5) 调节电平旋钮，稳定住被测信号。根据荧光屏上的坐标刻度，读出时基线与零基准线之间的距离 h（格），如图 6-6 所示。

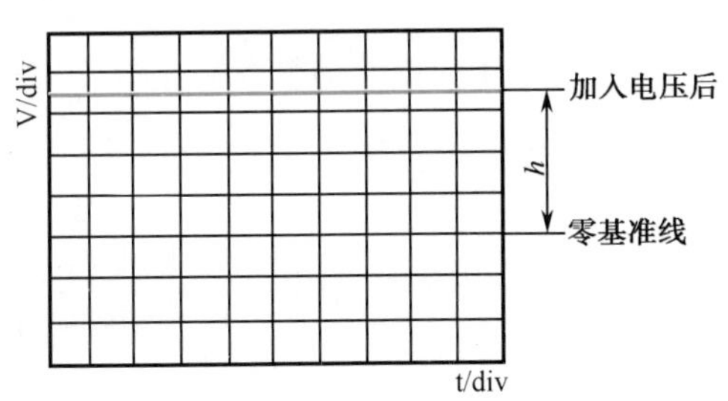

图 6-6 直流电压的测量

(6) 计算直流电压的大小：

$$U = \text{垂直偏转系数（V/div）} \times h\text{（div）} \tag{6-2}$$

使用 10:1 探头测量时，计算公式为

计算电压值

$$U = \text{V/div} \times h \times 10$$

例如，V/div 挡的标称值为 0.5V/div，$h = 3.4\text{div}$，则有

$$U = 0.5\text{V/div} \times 3.4\text{div} \times 10 = 17\text{V}$$

6.3.6 交流电压的测量

交流电压通常是测量其峰－峰值电压 U_{P-P}。

(1) 将 Y 轴输入耦合开关置于“AC”位置（若输入波形的交流成分很低，则置于“DC”位置）。

(2) 根据被测信号的幅度与频率的高低选择合适的“V/div”和“t/div”挡位，使波形置于荧光屏的中心位置。

（3）调节电平旋钮使信号波形稳定，再观察整个波形所占 Y 轴方向的高度 h（格），如图 6-7 所示。

测读峰-峰值 U_{P-P}

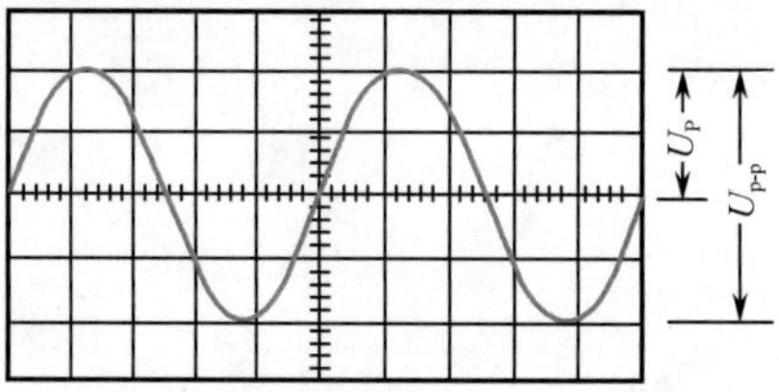

图 6-7　交流电压的测量

（4）算交流电压的 U_{P-P}：

$$U_{P-P} = V/div \times h\ div \tag{6-3}$$

如果使用 10:1 探头，则有

$$U_{P-P} = V/div \times h\ div \times 10 \tag{6-4}$$

若 V/div 挡的标称值为 0.2V/div、$h = 4$div，则有

$$U_{P-P} = 0.2V/div \times 4div \times 10 = 8V$$

6.3.7　周期 T 和频率 f 的测量

（1）在上面测量信号电压幅值的基础上，选择合适的 t/div，使波形的起点和终止点在荧光屏上易读，如图 6-8 所示。

测周期，换算 $f = \frac{1}{T}$

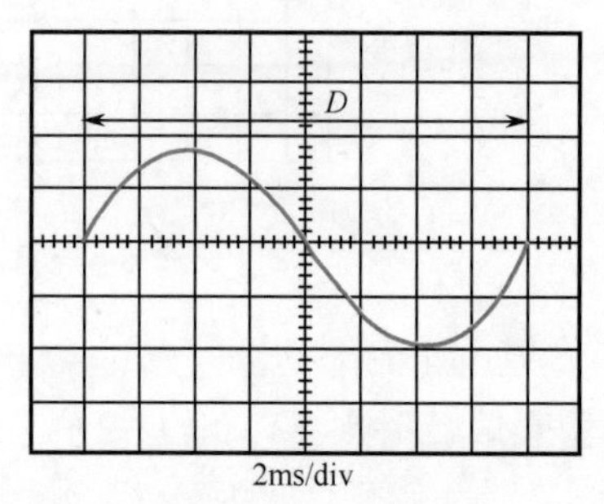

图 6-8　信号周期的测量

（2）读出被测信号一个周期波形占据的 X 轴向的格数 D。

（3）读取 t/div 时基扫描速率，选择开关的标称值。

（4）计算被测信号周期：

正弦信号周期

$$T = t/div \times D\ div \tag{6-5}$$

若扫描速度选为 2ms/div、$D = 8$div，则

$$T = 2ms/div \times 8div = 16ms$$

（5）计算信号频率 f：

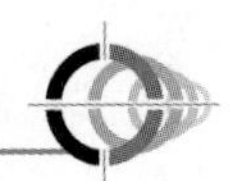

信号频率

$$f=\frac{T}{2}=\frac{1\times10^3}{16}=62.5\ (\text{Hz})$$

6.3.8 脉冲宽度的测量

脉宽定义

脉冲宽度定义：脉冲前沿上升到脉冲幅度的50%到脉冲下降沿降至脉冲幅度的50%所对应的P、Q两点间的时间，用t表示。如图6-9所示，脉冲宽度的测量步骤如下。

测量步骤

（1）当示波器已对时基扫描速度t/div挡校准后，对被测信号的频率选择适当的t/div挡级，使待测定P、Q两点间的距离在有效工作面内达到最大限度，以便提高其测量精度。

（2）测量P、Q间的距离D div。例如，t/div扫描开关挡级的标称值为2ms/div，$D=6.4$div，则P、Q两点的时间间隔t为

计算脉冲宽度

$$t=2\text{ms/div}\times D\ \text{div}=(2\times6.4)\ \text{ms}=12.8\text{ms}$$

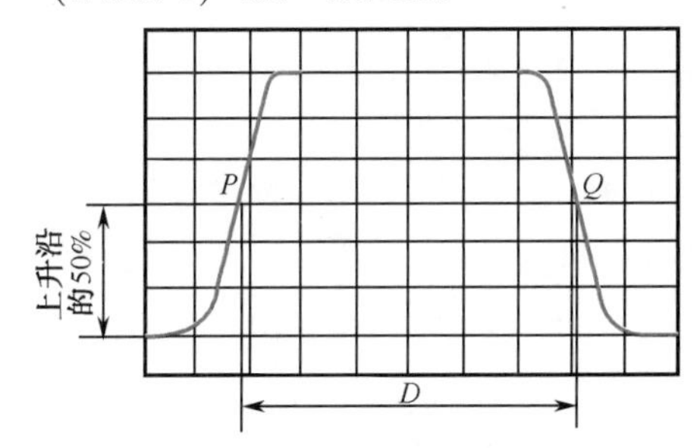

图6-9 脉冲宽度的测量

6.3.9 脉冲上升时间 t_r 和下降时间 t_f 的测量

脉冲上升时间t_r为由脉冲波形上升沿的10%升至90%对应的时间，用t_r表示；脉冲下降沿时间则是由下降沿的90%降至10%所对应的时间，用t_f表示，如图6-10所示。

测上升时间t_r和下降时间t_f

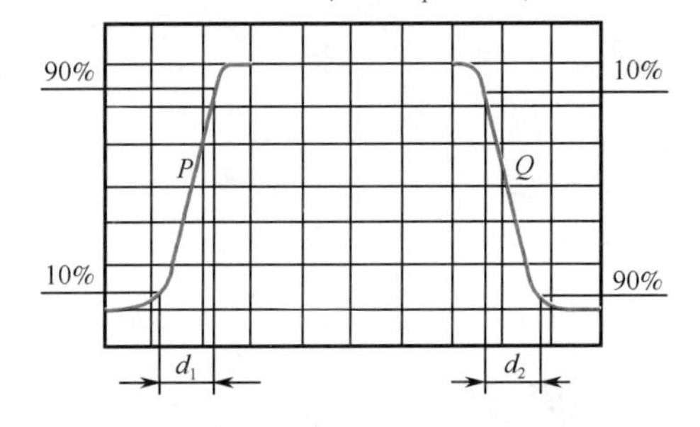

图6-10 脉冲上升和下降沿时间的测量

$$t_r=\text{t/div}\cdot d_1,\quad t_f=\text{t/div}\cdot d_2 \qquad (6\text{-}6)$$

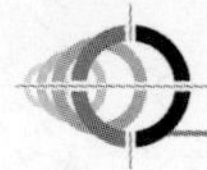

应用举例

◉例 6-1　若 t/div 扫描开关挡取 2ms/div，测得 d_1 = 0.9div、d_2 = 1.0div，请分别计算上升沿时间 t_r 和下降沿时间 t_f。

解

$$t_r = 2\text{ms/div} \times 0.9\text{div} = 1.8\text{ms}$$

$$t_f = 2\text{ms/div} \times 1.0\text{div} = 2.0\text{ms}$$

6.4　SR-8 型双踪示波器

SR-8 经济适用型双踪示波器

SR-8 型双踪示波器是国内较早实现全晶体管化的双踪示波器，具有体积小、重量轻、性能稳定等优点，是一种经济适用的小型通用示波器。

6.4.1　双踪显示原理

1 个单束示波管
2 个垂直通道

SR-8 型双踪示波器比单踪 ST-16 型多了一套 Y 轴（垂直）系统通道和相应的显示方式开关。换句话说，SR-8 是具有一个单束示波管、两个垂直通道（Y_A、Y_B）和一套 X 轴（水平）系统的双踪示波器。它能同时显示两种不同信号的波形，对两路信号进行观测、比较，并可测量两个信号的相位（差）。SR-8 型双踪示波器既可作为单踪使用，也可进行双踪跟踪、比较、观察。

图 6-11 是有 Y_A、Y_B 两个垂直通道的双踪示波器的原理框图。电子开关按照一定时序接通 Y_A 或 Y_B 通道来的信号，经公用的 Y 轴放大器放大后，加至示波管的 Y 轴上、下偏转板，这样就有两种不同电信号的波形同时在荧光屏上显示出来，进行观测、比较。

图 6-11 中只画出了 Y_A 和 Y_B 两个垂直通道的框图，X 轴系统的电路框图与单踪示波器类同。

双踪有 Y_A、Y_B 两个垂直通道

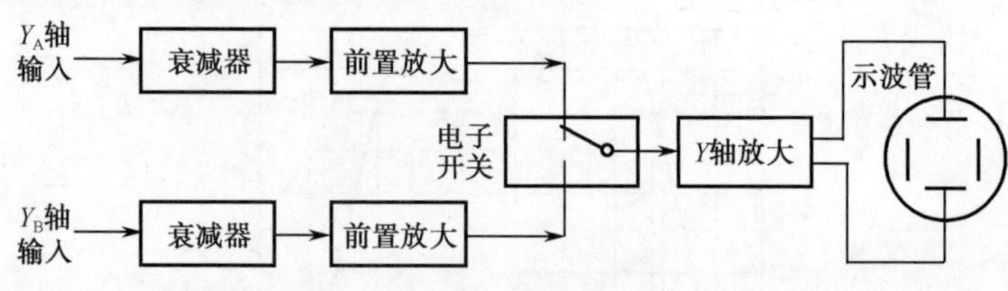

图 6-11　双踪示波器原理框图

6.4.2　主要技术性能

1）Y 轴（垂直）系统

Y 轴系统性能

（1）输入灵敏度：10mV/div ~ 20V/diV，分为 11 挡。

（2）频率响应：AC 为 10Hz～150MHz≤3dB；DC 为0～15MHz≤3dB。

（3）输入阻抗：直接耦合为 1MΩ//50pF；经探头输入为 10MΩ//15pF。

（4）最大输入电压：DC＋AC 值为 400V；AC（峰－峰值）值为 500V。

（5）上升时间：t_r≤24ns。

2）*X* 轴（水平）系统

X 轴系统性能

（1）扫描范围：（0.2μs～1s）/div，分 21 挡。

（2）扫描处于“扩展×10”挡时，最快扫速度达 20ns/div。

（3）触发同步方式有 3 种：常态方式（内触发、外触发）、高频方式和自动方式。

（4）标准（校准）信号：频率为 1000Hz，幅度 $U=1$V（矩形波）。

6.4.3　SR－8 型双踪示波器的面板配置与功能

图 6-12 是 SR－8 型双踪示波器的面板图，主要开关、旋钮的作用如下。

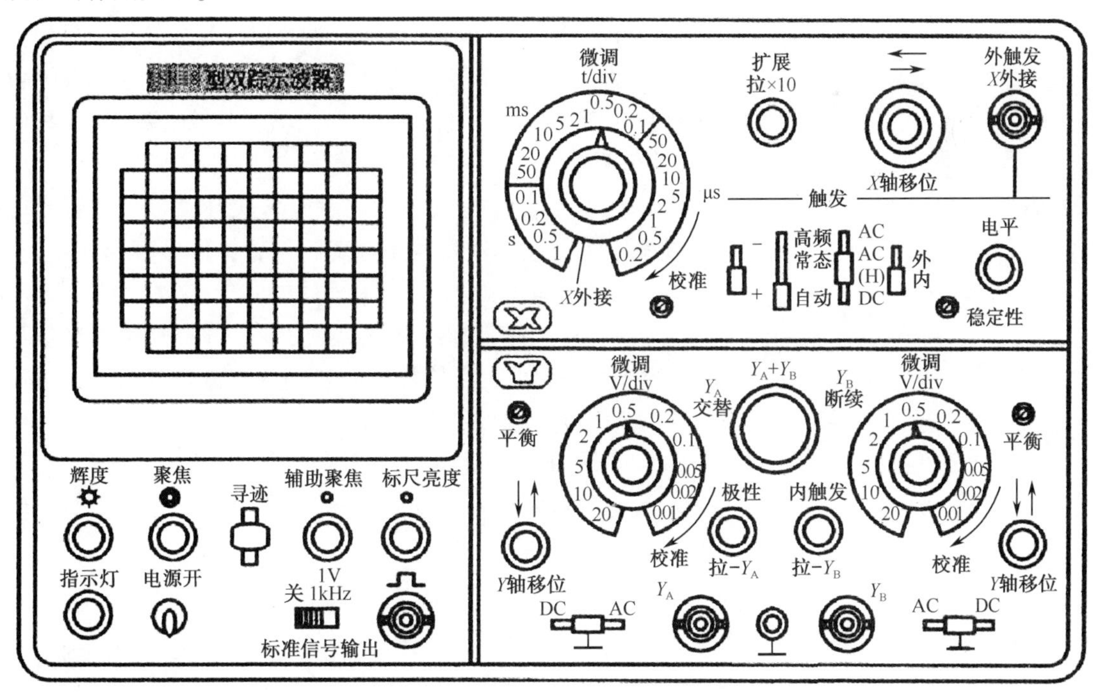

图 6-12　SR-8 型双踪示波器面板图

1. 垂直（Y）通道部分

Y 通道开关、按钮

（1）AC⊥DC：同 ST-16 型示波器，Y_A、Y_B 各自控制。

（2）V/div 微调：灵敏度选择（黑色），增益微调（红色）。

（3）交替、Y_A、Y_A+Y_B、Y_B、断续：*Y* 系统显示方式选择开关，按需要可以选择 5 种方式中的任意一种。

（4）极性 · 拉 Y_A：在推进位置是正常显示，在拉出位置是倒相显示，配合 Y_A+Y_B 也可做正、倒显示。

（5）内触发 · 拉 Y_B：为推拉式开关，在推进位置时，只能观察两种波形不能做时间相位的比较。拉出位置时，观察比较可以同时进行。

（6）↑↓等旋钮：与 ST-16 型示波器相同。

2. 水平（X）通道部分

X 通道开关、按钮

（1）t/div 微调：扫描速度选择旋钮（黑色），扫描速度微调旋钮（红色）。

（2）扩展、拉 ×10：推进的位置正常显示；拉出的位置，被测信号在 *X* 轴方向上扩展 10 倍，用来观察快速脉冲及频率较高的被测信号。

（3）⇆：同 ST-16 型示波器。

（4）外触发、*X* 外接插座：外触发信号或外界信号的公用输入端，与扫描速度选择开关 t/div 配合使用。当 t/div 置 *X* 外接挡时，*X* 是外接信号输入端，否则扫描发生器无外触发信号输入。

触发方式开关

（5）高频、常态、自动：触发方式开关。一般置于常态位置。信号频率较高时，置高频位置；信号频率较低时，置自动位置。

（6）AC、AC（H）、DC：触发耦合方式开关。当信号为直流时，置 DC；当信号为一般频率交流信号时，置 AC；为高频信号时，置 AC（H）位置。

内外触发选择开关

（7）内外：触发源选择开关。当启动扫描发生器的触发信号取自机内 *Y* 轴系统的被测信号时置内，取自机外触发信号时置外。

（8）电平：同 ST-16 型示波器。

6.4.4 双踪 SR-8 较单踪 ST-6 增加的控制开关

SR-8 型双踪示波器与 ST-6 型单踪示波器比较，增加了显示方式开关和极性 · 拉-Y_A 开关，其控制作用如表 6-6

所示。

表 6-6　SR-8 较 ST-16 增加的控制开关及作用

控制名称	标　记	控制作用
显示方式开关：5 挡	Y_A	只显示 Y_A 输入信号
	Y_B	只显示 Y_B 输入信号
	Y_A+Y_B	两通道信号的代数和
	交替	Y_A、Y_B 两信号通道交替工作，荧光屏上出现两信号波形（不适于显示低频信号）
	断续	Y_A、Y_B 断续相间工作，荧光屏上出现两信号图像（不适于显示高频信号）
Y_A 输入信号显示极性的选择开关	极性·拉-Y_A	转换 Y_A 输入信号波形的显示极性，置推进时为正常显示，置拉时为倒相显示。此旋钮为配合 Y_A+Y_B 工作方式而设置

1. 交替显示（ALT）方式

交替显示是将 Y_A 通道和 Y_B 信号分别加至 CH_1（Y_A）和 CH_2（Y_B）插口上，两信号在荧光屏上交替显现。但这种方式在低速扫描时其波形闪烁会增加，尤其当水平扫描在 0.5mV/div 以上时会更明显。

交替方式适用于显示低频信号

2. 高速切换（CHOP）方式

这种方式是对两个输入信号进行高速切换，使 Y_A、Y_B 断续相间工作，故也称断续工作方式。扫描速度为 250kHz，不适于显示高频信号。

高速切换方式不适用于显示高频信号

6.4.5　SR-8 型双踪示波器的实际使用

1. 双踪观测时各控制开关（旋钮）的使用

SR-8 做双踪观测时，各控制开关和旋钮的设置如表 6-7 所示。

表 6-7　SR-8 作双踪观测前各控制开关（旋钮）的设置

SR-8 开机前后的设置和调整

通电前后	控制开关（旋钮）	设置情况
开机前的准备	电源开关	关
	波形显示方式选择	交替
	三个位移控制	居中
	辉度控制	居中
	内触发·拉-Y_B	推进
	极性·拉-Y_A	推进
	t/div 微调	居中
	内外（触发器）	内

续表

通电前后	控制开关（旋钮）	设置情况
开机后调节	电源开关	开
	辉度控制	调亮至适当
	聚焦	调至清晰
	三个位移控制	调节两扫描线至适当位置

2. 双踪示波器做幅度、周期等测量

注意：SR-8 和 ST-16 的校准信号不同

用 SR-8 型双踪示波器做幅度及周期等测量时，应将内触发·拉 – Y_B 旋钮旋出，并把“V/div”及“t/div”的红色旋钮分别置于校准位置，测量方法与 ST-16 型单踪示波器相同。值得注意的是，SR-8 的校准信号是幅值 1V、1000Hz 方波，ST-16 的校准信号为 50Hz（电源工频）、100mV 的方波。

3. 双踪示波器测读相位差

相位差测量的方法和调节

利用双踪示波器双线显示功能，是测量相位差的便捷方法。

（1）将两个待测信号 u_B（t）和基准信号 u_A（t）分别接到双踪示波器 Y_B 和 Y_A 通道上。示波器置双路显示方式，将 Y 轴触发源开关置于 Y_A 位置，然后用内触发方式启动扫描。

基准信号 $u_A(t)$ 置于屏幕中央

（2）为便于观测和读数，调节水平和垂直位置旋钮，使 A 信号（作为基准）一个周期的完整波形置于荧光屏的中间位置，并使波形的始端正好位于某一垂直刻度线上，如图 6-13所示。同频率的信号 B 稍滞后于基准信号 A，两者之间的水平距离即为相位差。

使 $u_A(t)$、$u_B(t)$ 两者同步

（3）若 A、B 信号波形不同步，可微调触发电平旋钮使波形稳定，读取并记录波形相关参数：被测正弦信号的周期 $T=8$div，此时每个水平格 div 相当于 360°/8 =45°。

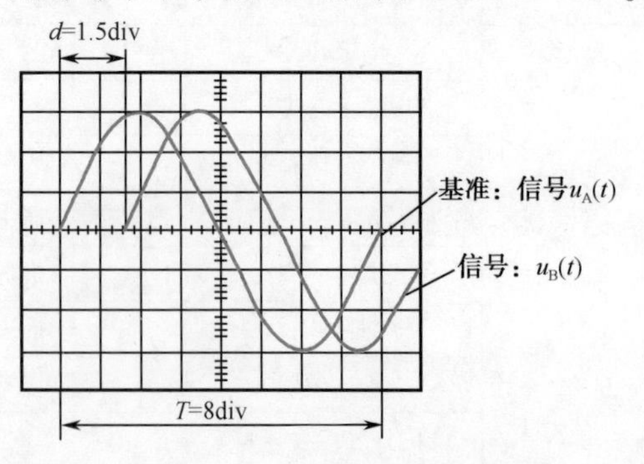

图 6-13　正弦信号的相位差测量

（4）计算相位差：

$$\varphi = 1.5\text{div} \times \frac{360°}{8\text{div}} = 1.5 \times 45° = 67.5°$$

◉用李沙育图形法测量相位差。

知识链接
李沙育图形

在低频相位测量中常采用李沙育（Lissajous）图形法，具体测量方法如下。

把待测量的两个同频正弦信号分别接到通用示波器（单踪型或双踪型）的 Y 通道或 X 通道，如图6-14所示。示波器工作在 x-y 显示方式。这时示波器荧光屏上会显示图6-14（b）所示的李沙育图形。若 u_x、$u_y(t)$ 分别从 X、Y 通道接入，则

$$\left.\begin{aligned} u_x(t) &= U_{xm}\sin\omega t \\ y_y(t) &= U_{ym}\sin(\omega t + \varphi) \end{aligned}\right\} \tag{6-7}$$

由图6-14（b）可看出，当 $t = 0$ 时，$U_{yo} = U_{ym}\text{sim}\varphi$。由于 $U_{yo} = y_o s_y$、$U_{ym} = y_m s_y$，代入式（6-7）则有

$$\sin\varphi = \frac{y_o s_y}{y_m s_y} = \frac{y_o}{y_m} \tag{6-8}$$

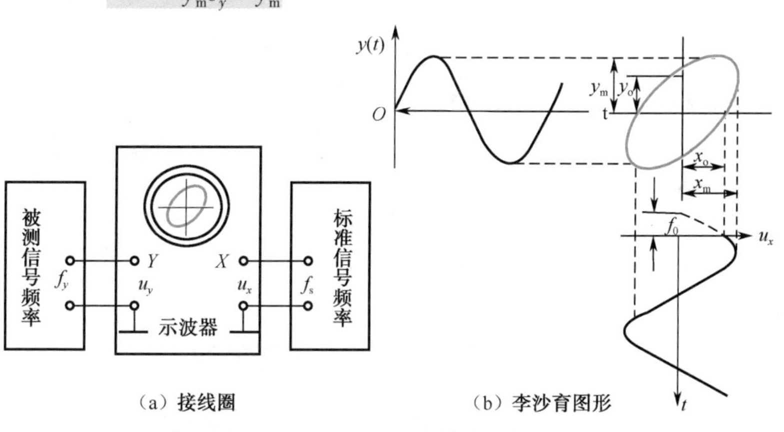

图6-14　用李沙育图形做相位测量

故两同频正弦信号的相位差为

$$\Delta\varphi = \varphi - 0 = \arcsin\frac{y_o}{y_m} \tag{6-9}$$

x_o、y_o 分别为椭圆与 x 轴、y 轴相截距离的一半；x_m、y_m 则为最大偏转距离的一半；s_y 为示波器的垂直偏转灵敏度。

图6-15画出了同频（即 $f_x : f_y = 1:1$）、同幅的两个正弦波信号的初始相位差的李沙育图形。由图可见，当两个信号频率相同而初相位不同时，李沙育图形可为一个椭圆或一个

根据李沙育图形判断特定相位

圆，或一条斜直线。

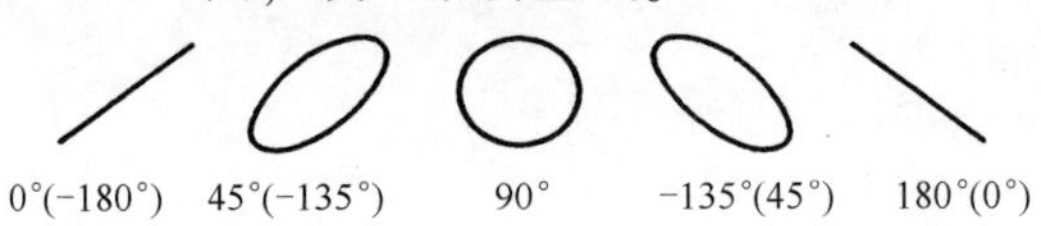

图 6-15　李沙育图形的一些特殊相位情况

知识链接

◉**用李沙育图形测正弦波信号频率**。

利用李沙育图形测量正弦波信号的频率时，必须断开示波器的扫描信号发生器，即将被测信号 u_y 接至 Y（轴）通道，如图 6-16 所示。

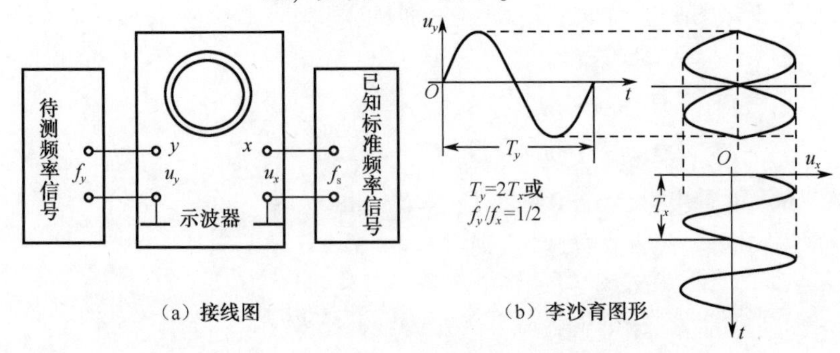

图 6-16　采用李沙育图形测频率方法

用李沙育图形测定频率

调节已知标准信号发生器的频率 f_s，即加至 X 轴的 u_x 的频率；使 $f_y/f_s=1:2$，则荧光屏上显示出两个椭圆形李沙育图形。

图 6-17 给出了频率比 f_y/f_x 为 1:1，2:1，3:1 和4:1时的李沙育图形，纵向为初相角 $\varphi=0°$，45°，90°，135°，180° 情况下的不同图形。

φ / f_y/f_x	0°	45°	90°	135°	180°
1:1					
2:1					
3:1					
3:2					

图 6-17　不同频率比和相位差的李沙育图形

注意事项

有必要说明的是：李沙育图形法仅适用于测量较低的频

率，且两个频率 f_y 与 f_x 的比应成整倍数关系，否则示波器上难以形成稳定清晰的图形。

同步自测练习题

1. 示波管（CRT）是示波器的核心部件，请扼要说明示波管由几部分组成及示波管的作用。

2. 请扼要说明示波管的荧光屏的工作原理。

3. 通用示波器主要由哪几部分组成？扼要说明其主要作用。

4. SR-8 双踪示波器和 ST-16 单踪示波器，两者在电路结构上和显示功能上有什么不同？

5. 扼要说明双踪示波器是如何对输入到 Y_A、Y_B 两插口的信号进行双踪显示的？

6. 在使用通用型示波器测量之前，如何对屏幕上的垂直灵敏度和扫描时基进行校准？

7. 示波器是怎样测量正弦交流信号的？如何计算信号的 U_{P-P}、U_P 和 U_m？

8. 怎样对交流信号的周期和频率进行测量、计算，有什么需要注意的问题？

9. 示波器荧光屏上显示的波形如图 6-18 所示的锯齿波电压，用 10:1 探头，将 Y 轴灵敏度选择开关置于 0.5V/div 挡，微调旋钮置于“校准”位。问锯齿波电压幅值为多少？A 点和 B 点对地的电位各是多少？

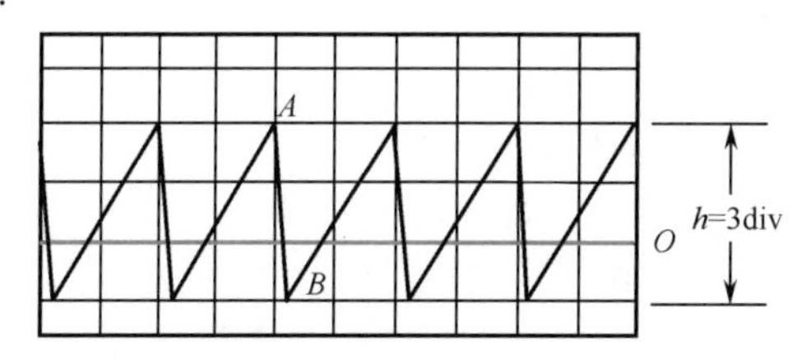

图 6-18　测量锯齿波电压

10. 用示波器能否对两个同频率正弦信号之间的相位差进行测量？扼要说明其测量原理及如何测量。

同步自测练习题参考答案

1. 答 示波管分为静电偏转式和磁偏转式两大类，在电子示波器中基本都采用静电偏转式的示波管，它主要由三部分组成：电子枪、偏转系统和荧光屏，整个密封在抽真空的玻璃壳内，成为大型的电真空器件。示波管的用途，扼要地说，它是一种将被测的电信号转换成光信号的显示器。

2. 答 荧光屏是在示波管管面内壁涂上一层磷光物质，形成荧光膜。它在受到高速运动着的电子轰击后，将电子的动能转化成光能，形成光点，并出现余辉时间。正是利用屏幕的余辉和人的视觉暂留现象，当电子束随信号电压偏转时，这个亮点的移动轨迹就形了信号的波形。

3. 答 通用示波器的种类很多，但不管为何种类型，其基本组成有 Y 轴系统、X 轴系统、主机部分、电源和辅助电路。读者可参看电路结构框图图 6-1。

（1）Y 轴系统（垂直系统）：由输入电路、前置放大器和输出级等组成，其主要作用是放大被测信号电压，以驱动电子束垂直偏转。

（2）X 轴系统（水平系统）：由触发同步电路、扫描发生器和 X 放大器组成。同步触发电路用以产生内、外触发脉冲，去触发扫描发生器，产生锯齿波，以驱动电子束进行水平扫描。

（3）主机部分（Z 轴系统）：主要包括示波管及电子束形成和控制系统，其作用是发射电子并形成很细的高速电子束，沿 Z 轴方向运动。

（4）电源和辅助电路。电源电路产生示波器所需要的直流低压和高压，高压供示波管各极作为控制电压。辅助电路中有一个校准信号发生器，它能产生幅度、周期都很准确的方波信号，用以校准 X 轴、Y 轴的坐标刻度。

4. 答 SR-8 双踪示波器和 ST-16 单踪示波器皆为通用示波器，但两者在电路结构和显示功能上有如下不同。

（1）从技术指标上 SR-8 和 ST-16 为同挡水平的通用示波器。SR-8 的垂直系统带宽（DC ~15MHz）比 ST-16 的带宽（DC ~5MHz）要宽，前者的信号波形失真比后者要小，频率响应快；其灵敏度、扫描速度等两者在同一水平上。

（2）从电路结构上比较：SR-8 和 ST-16 皆采用单射束示波管，其 X 轴系统和 Z 轴的电子束控制系统类同，最大不同之处是 SR-8 比 ST-16 多了一套 Y 轴（垂直）系统通道及相应的显示方式开关。

（3）从显示方式看：由于 SR-8 有两个 Y 轴通道和一个相配的电子开关，故 SR-8 双踪示波器有五种工作方式：交替方式（ALT）、断续方式（CHOP）、Y_A 方式、Y_B 方式和 Y_A+Y_B 方式；而 ST-16 单踪示波器只有一种常态工作方式。（有关显示方式请读者参看 6.4.4 节）

5. 答 与单踪示波器相比，双踪示波器多了一个 Y 轴通道和电子开关控制电路，故可进行双踪显示，通过电子开关的控制可以将加入 Y_A 和 Y_B 插口的信号交替地显示在荧光屏上，有如下两种显示方式。

（1）交替（ALT）方式。当显示方式开关置于 ALT 挡时，屏幕上就会交替显示 Y_A 和 Y_B 插口输入的信号波形，由于荧光粉的余辉效应，人们会在屏幕上同时看见两个信号的波形。这种交替方式适用于较高频率的信号测量。若信号频率较低，屏上的信号波形的闪烁会增加，特别是时间轴在 0.5ms/div 以上会更明显。

（2）断续（CHOP）方式。在显示方式开关置于 CHOP 挡时，在扫描信号的每个周期内，控制电路便对输入到 Y_A 和 Y_B 的两个信号高速切换，屏幕上就会同时显示两个通道断续的被测信号。这种方式只适用于慢速扫描，即适用于较低频率信号的测量。如果扫描过快，信号波形会呈虚线状。

6. 答 对示波器显示屏的垂直灵敏度和扫描时基的校准，这涉及测量基准及测量准确度问题。下面以 ST-16 通用示波器为例进行校准，调整步骤如下。

（1）开启电源，并检查供电电源是否符合 220V ±10% 的规定要求。

（2）将有关开关设置到位。将触发信号源选择开关置于“内”挡；V/div 开关置于“校

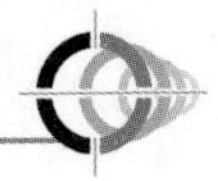

准”（或“标准信号测试”）挡、t/div 开关置于“2ms”挡，这时显示屏上应出现的方波信号见图 6-5。

（3）调节“辉度”旋钮和“聚焦”旋钮（包括“辅助聚焦”），使屏上的方波信号波形清晰明亮。

（4）垂直灵敏度和扫描时基的校准。若显示屏（图 6-5）上的方波信号在长 10div、高 5div（即 10 格 ×5 格）正好为一个周期，则说明垂直灵敏度和扫描时基符合校准要求。如果长度不为 10div，高度不为 5div，则需要用小螺丝刀分别调节“扫描校准”旋钮和“增益校准”旋钮，直至调好为止，使方波信号正好占满 10 格 ×5 格，见图 6-5。

7. 答 正弦波交流信号的测量有以下几个过程。

第 1 步：示波器输入方式、触发信号和触发极性的选择。输入耦合方式开关置于“AC”；触发信号源开关置于“内”；触发极性开关置于“+”。

第 2 步：选择合适的垂直灵敏度和水平扫描速率。根据被测信号的幅值与频率的高低，通过 V/div 开关选择合适的垂直灵敏度挡位，并通过 t/div 开关选择合适的水平扫描速率挡位，使信号波形处于荧光屏的中心位置，如图 6-19 所示。

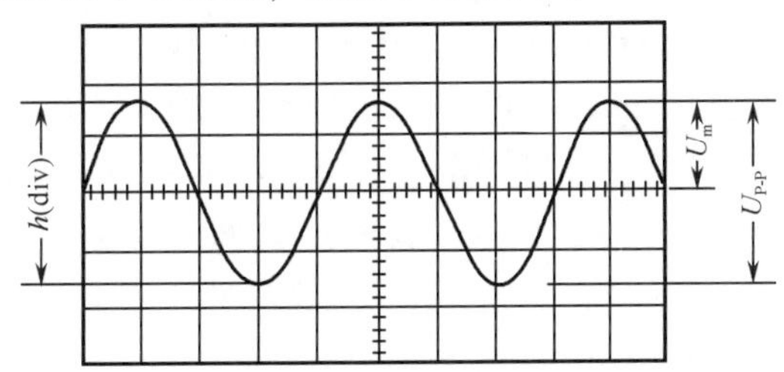

图 6-19 用示波器测量交流信号的幅值

第 3 步：用衰减系数为 10:1 的探头连接被测电路。

第 4 步：调节有关旋钮，在屏幕上显现出一个或几个稳定的波形，并将 t/div 上面微调旋钮顺时针旋到底。记下被测信号的电压值 h（div）、D_y（V/div）。

第 5 步：交流信号幅值的计算。

（1）计算正弦波信号峰-峰值

$$U_{P-P}=h\ (\text{div})\ \times D_y\ (\text{V/div})\ \times k \tag{6-10}$$

式中 h（div）——信号的扫描迹线垂直偏转距离；

D_y（V/div）——所选用的 Y 轴偏转因数；

k——示波器探头的衰减系数，为 $k=10:1$。

（2）被测信号电压的峰值：
$$U_P=\frac{U_{P-P}}{2} \tag{6-11}$$

（3）被测信号的有效值：
$$U_{rms}=\frac{U_P}{\sqrt{2}} \tag{6-12}$$

第 6 步：实测计算：据图 6-19 实测正弦信号的正峰与负峰的距离 $h=2.6\text{div}$，Y 轴灵敏度所指挡级 $D_y=0.5\text{V/div}$，Y 轴探头衰减系数 $k=10$，则被测正弦交流信号电压可计算得到。

信号电压的峰-峰值： $U_{P-P}=0.5\text{V/div}\times2.6\text{div}\times10=13\text{V}$

信号电压的峰值： $U_P=\frac{U_{P-P}}{2}=\frac{13}{2}=6.5V$

正弦信号电压的有效值： $U_{rms}=\frac{U_P}{\sqrt{2}}=\frac{6.5}{\sqrt{2}}=4.6V$

8. 答 在本书的6.3.7节已讨论了周期 T 和频率 f 的测量和计算，图6-8是测量信号周期的示意图。对周期 T 的测量，实质上是时间的测量。因此，这里有必要再强调指出：测量前，必须先对示波器的扫描速度进行校准，即在通过 t/div 开关选择合适的水平扫描速率挡位时，并将 t/div 上面的微调旋钮顺时针旋到底（即校准位置），即用示波器内部的校准信号对扫描速度进行校准。

9. 测量计算图6-18所示的锯齿波电压。

解 已知锯齿波电压的扫描迹线的垂直偏转高度为 $h=3$div，并已选定的 Y 轴灵敏度选择开关挡位为0.5V/div，探头衰减 $k=10$。根据图6-18所示地电位（0）和 A、B 的标示，计算如下。

（1）锯齿波电压幅值： $U=h\text{（div）}\times D_y\text{（V/div）}\times k$

$=3\text{（div）}\times 0.5\text{V/div}\times 10=15\text{V}$

（2）A 点对地（0）电位：$U_A=2\text{（div）}\times 0.5\text{/div}\times 10=10\text{V}$

（3）B 点对地（0）电位：$U_B=-1\text{（div）}\times 0.5\text{V/div}\times 10=-5\text{V}$

10. 答 相位的测量首先要弄清测什么；其测量原理是什么？如何测及测试方法和步骤如何？

1）测量相位是测二信号的初相位之差

测量相位，指的是测量两个频率相同信号之间的相位差，即测其初相位之差。对于两个同频的不同初相位的正弦波信号，它们的表达式分别为

$$\left.\begin{aligned}u_1(t)&=U_{m1}\sin(\omega t+\varphi_1)\\u_2(t)&=U_{m2}\sin(\omega t+\varphi_2)\end{aligned}\right\}\tag{6-13}$$

若以 u_1 信号为参考电压，则 u_2 相对于 u_1 的相位差为

$$\begin{aligned}\Delta\varphi&=(\omega t+\varphi_2)-(\omega t+\varphi_1)\\&=\varphi_2-\varphi_1\end{aligned}\tag{6-14}$$

可见，两个同频信号的相位差 $\Delta\varphi$ 是一个常量，即其初相位之差。

若以 u_1 作为参考电压，当 $\Delta\varphi>0$ 时，认为 u_2 超前于 u_1；若 $\Delta\varphi<0$ 时，则认为 u_2 滞后于 u_1。

因此，测量相位的原理就是测量其初相位之差。

2）测量相位差的方法

测量相位有两种常见的方法：一种是波形比较法；另一种是李沙育图形法。前者比较简单，而且用单踪示波器或双踪示波器都可测量。

（1）用单踪示波器测量相位差。单踪示波器的线路接法如图6-20所示。若以 $u_1(t)$ 作为参考信号，可认为 $u_1(t)$ 的初相位为零，这时应将 u_1(t) 接至示波器（如ST-16）的外触发端，则 $u_1(t)$、$u_2(t)$ 的表达式可写为

$$u_1(t) = U_{m1}\sin\omega t$$

$$u_2(t) = U_{m2}\sin(\omega t + \Delta\varphi)$$

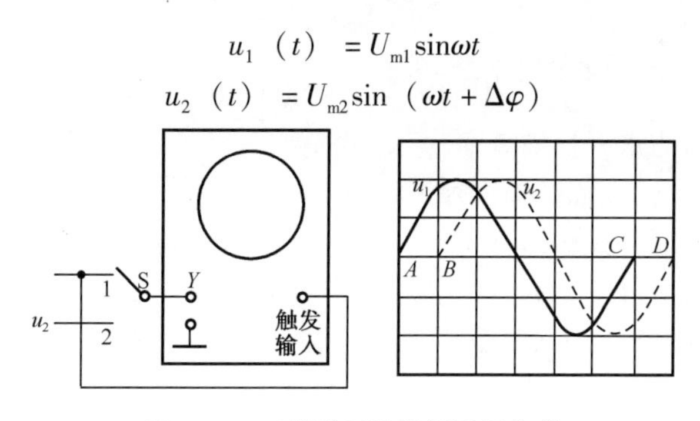

图6-20 用单踪示波器测量相位差

测量相位差步骤如下。

① 将图6-20上示波器右侧的开关S置于1位处。则 $u_1(t)$ 信号一路加至 Y 通道输入端，另一路 $u_1(t)$ 作为“外触发”信号加至触发输入端，让触发电路产生触发脉冲，去控制 X 轴系统的水平扫描电路。

② 通过V/div开关和t/div开关选择合适的垂直灵敏度挡位和水平扫描速率挡位，使 $u_1(t)$ 信号波形在水平方向占据6格，垂直方向“峰-峰值”占4格。并调节（水平位移）旋钮使正弦波形的起点固定在 A 点，读出并记录下 AC 的长度。

③ 将开关S置于2位处，这时屏幕就显示出 $u_2(t)$ 的波形，如图6-20所示的虚线，读出并记录 AB 的长度。

④ 相位差 $\Delta\varphi$ 的计算。在第②步调整时，为便于读数，已将 AC 段（一个完整的正弦波周期）定为6格，故每格为360°/6=60°。故两同频信号 $u_1(t)$ 和 $u_2(t)$ 的相位差为

$$\Delta\varphi = \frac{AB}{AC} \times 360° \tag{6-15}$$

（2）用双踪示波器测量相位差。

① 测量方法。用双踪示波器测量相位时，可将信号 $u_1(t)$、$u_2(t)$ 分别接入 Y 轴系统的两个通道输入端，并选择 $u_1(t)$ 作为触发信号（相位超前者）。采用交替（ALT）方式或断续（CHOP）方式进行显示。适当调整“Y位移”，使两个信号重叠起来，如图6-21所示。从图中就可直接读出 AB 和 AC 的长度，按式（6-15）计算其相位差 $\Delta\varphi$。

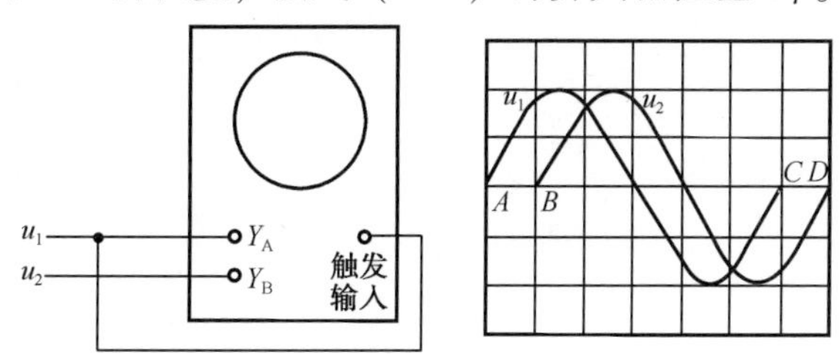

图6-21 用双踪示波器测量相位差

② 测量步骤（下面以继续（CHOP）方式为例进行说明）。

第1步：将显示方式开关转至“断续”挡位，即以断续方式进行测量。

第2步：将 Y_A、Y_B 两个通道的输入耦合方式开关均置于“AC”；触发方式置于“内”

触发。

第 3 步：选择合适的 Y_A、Y_B 通道的垂直灵敏度 V/div 挡位。

第 4 步：选择合适的水平扫描速率 t/div 的挡位。

第 5 步：从 Y_A、Y_B 输入插孔输入被测信号 u_1（t）和 u_2（t）。

第 6 步：察看显示屏上被测信号的波形并进行适当调节，使 $u_1(t)$ 和 $u_2(t)$ 波形稳定。

第 7 步：测量屏幕上（见图 6-21）的被测信号波形，读出并记录 AB 段和 AC 段的长度。

第 8 步：相位差 $\Delta\varphi$ 的计算。计算方法与上面的单踪示波器测量相位差公式（如图 6-15）相同，即

$$\Delta\varphi = \frac{AB}{AC} \times 360° \tag{6-16}$$

为便于直接读数，可将 AC 长度调整为 6 格，每格为 60°。

第 7 章

频率特性测试仪（扫频仪）

本章知识结构

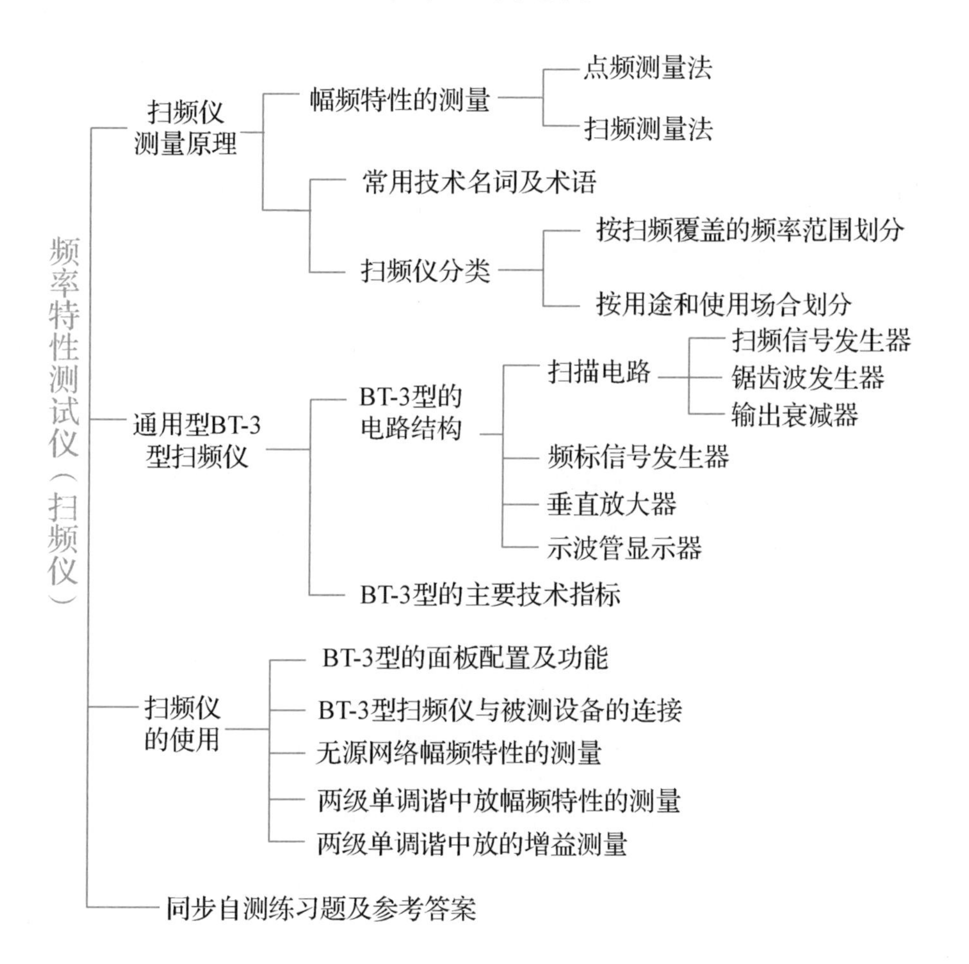

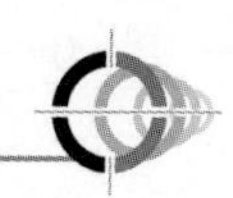

7.1　频率特性测试仪的测量原理

要点

在电路或网络的测试中，常常对其频率特性进行动态测试。一个电路或系统的频率特性，通常是指它的幅频特性。

频率特性测试仪，俗称扫频仪。它是一种用示波方法直接显示被测电路频率响应曲线或网络的幅频特性的图示测量仪器。

扫频仪在雷达技术、微波中继通信、调频（FM）通信、电视差转机和电子教学等方面得到广泛应用。在调试宽频带放大器、中频放大机、电视接收机图像和伴音通道、接收机高放、网络频率特性的调整、检测和动态测量中都带来极大方便。

7.1.1　幅频特性的测量

幅频特性是指电路（或网络）输入一定频率范围内的幅值恒定信号电压时，其输出信号电压随频率变化的关系特性。

幅频特性的测试，常用的方法有两种，即点频法和扫频法。

1. 点频测量法

点频测量

点频法也称逐点（测量）法。它是使用可变频率信号源将一个恒定的信号电压加在被测电路（或网络）的输入端，在输出端用高频毫伏表测量其输出电压值。然后，改变输入信号的频率，由低到高逐点测得输出电压，最后绘成特性曲线，如图7-1所示。

点频法电路框图及点频特性曲线

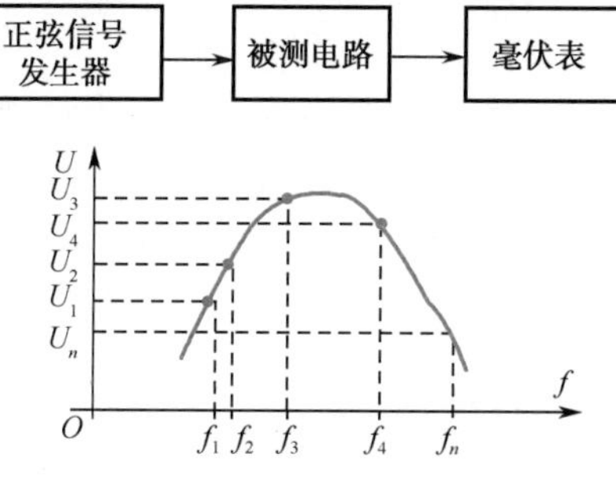

图7-1　点频法的测量原理

逐点测量方法简单，易实现。只需一台合适的信号发生器和一个高内阻的高频毫伏表就可进行测量。但逐点法存在操作烦琐、工作量大、易漏测等缺点，加之这种测量方法测得的是静态频率特性，而实际电路（或网络）的工作状态是动态的。因此，点频测量方法测量误差较大，且不直观，在现代电子测量中较少采用。

2. 扫频测量法

扫频测量法可以克服点频测量法的上述缺点。

扫频测量为动态测量

扫频测量法是以扫频信号发生器作为信号源，输出等幅的扫频信号加至被测电路（或网络）的输入端，然后用示波器显示信号通过被测电路后的振幅变化。由于扫频信号是按一定规律做周期性地连续变化的，因而在示波器屏幕上直观显示出被测电路的幅频特性。这种方法称之为动态测量法。

扫频测量法的测量原理框图如图 7-2 所示。扫频信号发生器受来自扫描电压发生器锯齿电压波的控制，产生频率从低到高周期性变化的正弦波信号，但幅度恒定不变，该等幅扫频信号加至被测电路输入端，其输出信号的幅度将根据被测电路的幅频特性而变化。所以在进入峰值检波器检波后，检出的调幅包络就反映出被测电路的幅频特性。将检波器检出的信号包络送入示波器的 Y 轴，便可在荧光屏上显示出被测电路的幅频特性曲线。

扫频测量框图

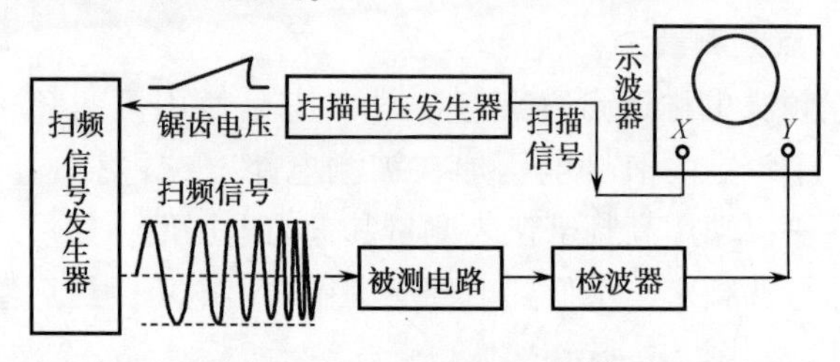

图 7-2 扫频法的测量原理框图

两种测量法比较

扫频测量法与点频测量法相比，由于扫频信号的频率是连续变化的，不存在测试频率的间断点（即漏测点）而导致幅频特性出现突变点。因此扫频测量法不仅可以进行动态观测，而且使测量准确度大大提高。

7.1.2 扫频仪的分类及常用术语

扫频仪是一种能直接观测电路（或网络）幅频特性曲线的电子测量仪器，还可以测量被测电路的幅频特性、增益、带宽等。在使用扫频仪和测量过程中，会经常遇到一些名词术语、技术参数，弄清它们的含义或基本概念，对于合

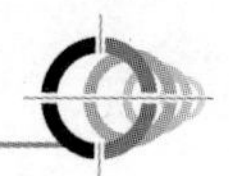

理地使用仪器和准确测试是有益的。

1. 常用的技术名词和术语

1）有效扫频宽度 Δf

基础知识：技术名词、术语

有效扫频宽度是指在扫频线性和振幅平稳性能符合要求的前提下，一次扫描能达到的最大频率覆盖范围，常用 Δf 表示，即

$$\Delta f = f_{max} - f_{min} \tag{7-1}$$

式中，f_{max}、f_{min}为一次扫描能获得的最高和最低的瞬时频率。

2）中心频率 f_0

由于扫频信号就是调频（FM）信号，在线性扫频时，其中心频率为

中心频率 f_0 关系式

$$f_0 = \frac{f_{max} + f_{min}}{2} \tag{7-2}$$

中心频率范围就是指 f_0 的变化范围，即扫频仪的工作频率范围。通常认为在荧光屏上位于显示频谱宽度中心的频率即为 f_0。

3）相对扫频宽度 $\Delta f/f_0$

相对扫频宽度定义为有效扫频宽度与中心频率之比，即

$\frac{\Delta f}{f_0}$关系式

$$\frac{\Delta f}{f_0} = 2 \cdot \frac{f_{max} - f_{min}}{f_{max} + f_{min}} \tag{7-3}$$

窄带扫频通常是指 Δf 远小于信号瞬时频率的扫频信号。

宽带扫频是指 Δf 和瞬时频率可相比拟的扫频信号。

4）频偏

频偏是指调频（FM）波中的瞬时频率与中心频率的差。

5）扫频线性

扫频线性是指扫频信号瞬时频率的变化和调制电压瞬时值的变化之间的吻合程度。吻合程度越高，扫描线性越好。

6）调制非线性

调制非线性是指在屏幕显示平面内产生的频率线性误差，表现为扫描信号的频率分布不均匀。

7）频标

频标有两种

频标是频率标记的简称，用于频率标度。频标分为菱形频标和针形频标两种，前者适用于高频测量，后者适用于低频测量。

2. 扫频仪的分类

扫频仪的种类、型号很多，其类别可按不同方式进行分类。下面从仪表的扫频范围和使用用途进行分类。

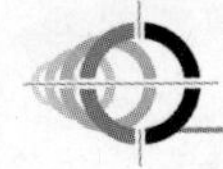

可按不同方式分类

（1）按扫频所覆盖的频率范围划分，常见的有低频扫频仪、高频扫频仪、电视高频扫频仪等。

（2）按用途和使用场合划分，常见的有通用扫频仪、专用测试仪、宽带扫频仪、窄带扫频仪、雷达扫频仪、电视广播扫频仪、中继通信扫频仪和微波综合测试仪等。

7.2 通用型 BT-3 型扫频仪

扫频仪的种类、型号很多，常见的国产通用型扫频仪有 BT-3、BT-5、BT-10 和 BT-300 型等。下面以最常见的 BT-3 型扫频仪为例，说明其基本电路结构、扫频原理及使用方法。

7.2.1 BT-3 型扫频仪的电路结构

以 BT-3 型为例介绍扫频仪电路结构及工作原理

扫频仪主要由扫描电路（包括扫颇信号发生器、水平扫描信号、稳幅电路和输出衰减器）、频标信号发生器、垂直信号放大器和示波管显示系统等，如图 7-3 所示。

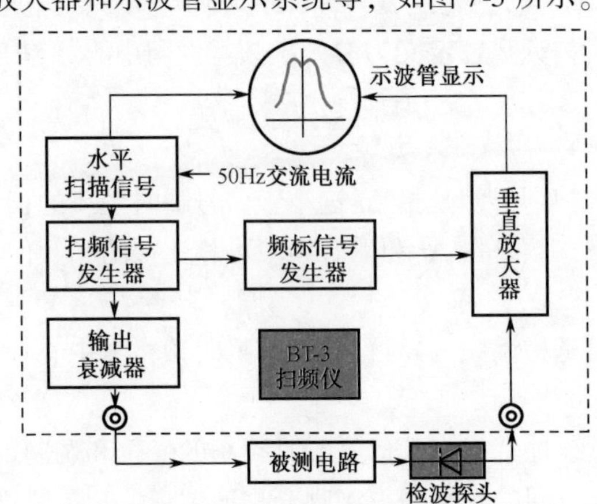

图 7-3　BT-3 型扫频仪组成框图

扫描电路产生等幅扫频信号

（1）扫描电路：用于产生扫描振荡器所需的调制信号及示波管所需的扫描信号。扫描振荡器的作用是产生等幅的扫频信号。扫频电路的核心是 LC 可控振荡器，它的振荡频率随调制信号的周期变化从 $f_1 \sim f_n$ 重复扫描（波段 I 的 $f_1 = 1\mathrm{MHz}$，$f_n = 75\mathrm{MHz}$），但扫频仪输出幅度保持不变。

（2）频标信号发生器：产生频标信号，在显示的频率特性曲线上打上频率标志，以便读出曲线上各点相应的频率值。

（3）示波管显示部分：包括示波器和同步两部分。所谓同步，是指将示波器的水平扫描与扫描振荡器的扫描实现完全同步。

（4）输出衰减器：用于改变扫描信号的输出幅值。一组为粗衰减，按每挡 10dB 衰减，衰减范围为 0～60dB；另一组为细衰减，按每挡 1dB 或 2dB 步进衰减，衰减范围为 0～10dB。

衰减有两组：粗衰减和细衰减，以便于调整

7.2.2　BT-3 型扫频仪的主要技术指标

BT-3 型扫频仪的主要技术指标列于表 7-1。

表 7-1　BT-3 型扫频仪的主要技术指标

性能内容	技术指标
扫频信号 中心频率	波段Ⅰ：1～75MHz 波段Ⅱ：75～150MHz 波段Ⅲ：150～300MHz
扫频信号输出电压	≥0.1V（有效值）
扫频信号输出阻抗	75（±20%）Ω
扫频信号寄生调幅系数	小于 7.5%（扫频频偏在 ±7.5MHz 内）
扫频信号衰减	粗衰减：0dB，10dB，20dB，30dB，40dB，50dB，60dB 细衰减：0dB，2dB，3dB，4dB，6dB，8dB，10dB
扫频频偏	最小频偏小于 ±0.5MHz 最大频偏大于 ±7.5MHz
扫频信号调频特性非线性系数	小于 20%（频偏在 ±7.5MHz 内）
检波探测器	输入电容小于 5pF，最大允许直流电压为 300V

7.3　扫频仪的使用

扫频仪的型号很多，但其电路结构、扫频原理及其基本功能大体类同，其操作方法大同小异。下面以 BT-3 型扫频仪为例介绍其使用方法和测量方式，有举一反三的作用。

掌握 **BT-3** 型扫频仪的原理和操作方法，对其他扫频仪有触类旁通功效

7.3.1　BT-3 型扫频仪的面板配置及功能

BT-3 型扫频仪的面板如图 7-4 所示。

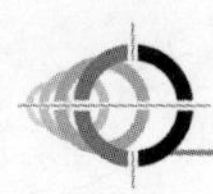

初次通电前，应对各开关、旋钮进行检查，同时可熟悉各开关、旋钮所起的作用。

在进行某项实验（如视放电路的频率特性测试）之前，应做好对BT-3型扫频仪使用前的准备工作，对各开关、旋钮进行合理预置。

(1) 将电源、辉度开关开启，1min后调节辉度和聚焦，使扫描基线足够细而亮。

(2) 调 Y 轴位置，使扫描基线处在屏幕中间位置。

使用前的调整，各开关、旋钮应预置到位

(3) 调 Y 轴衰减，使其置于左端的“1”。

(4) 将两个输出衰减旋钮都置于0dB。

(5) 将鉴频开关置于“+”。

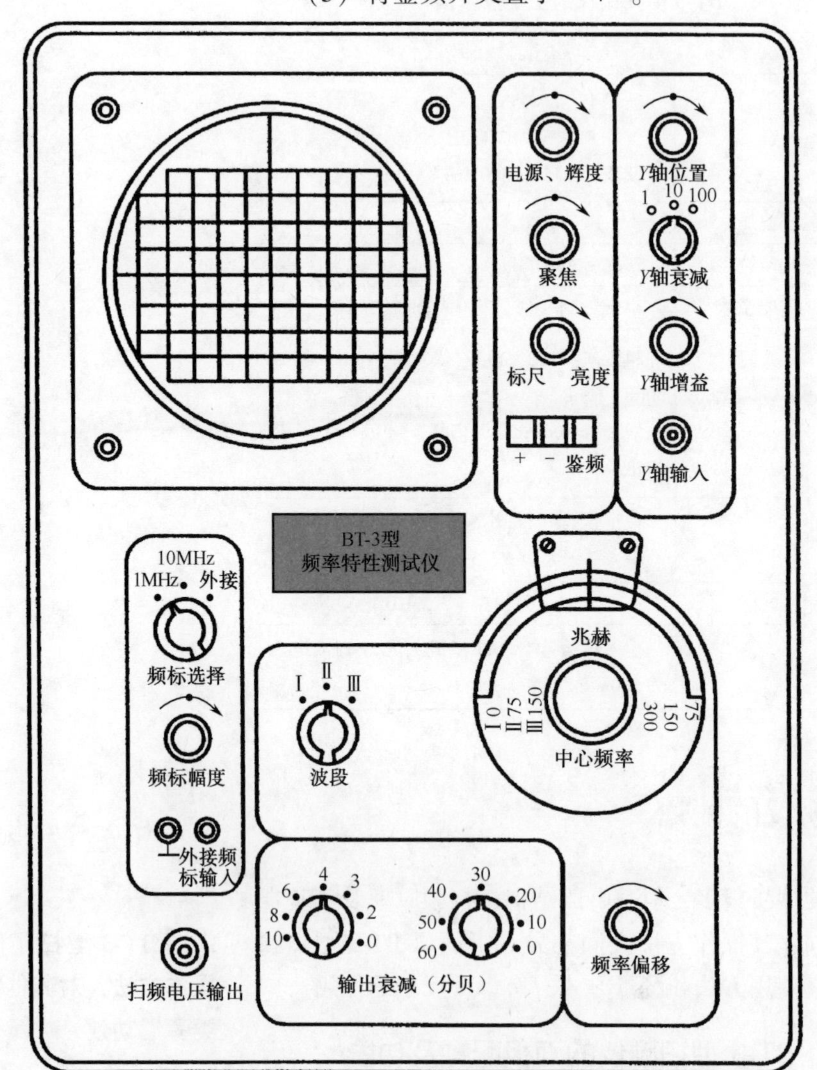

图7-4　BT-3型扫频仪的面板图

（6）将 Y 轴增益旋钮置于中间位置。

（7）将波段开关置于待测的Ⅰ波段，与中心频率转盘配合使用，调节扫频信号的频率范围。

（8）在扫频电压输出端外接匹配电缆（75Ω）的输出探头。

（9）在 Y 轴输入端接上检波探测头。若被测电路带有检波器，则不用检波探测头，而将输入电缆直接接入 BT-3 型扫频仪的 Y 轴输入端即可。

检波探头为扫频仪的配件

（10）调 Y 轴增益，使扫频线与扫描基线间的距离为 5 格，这 5 格就表示 0dB（与输出衰减粗、细旋钮指示的 0dB 相对应）。这时 Y 轴增益就不能乱转动了。注意：Y 轴增益旋钮将扫频线调到某一高度时，将其高度定为 0dB，这个高度一般习惯用 5 格。

（11）将频标选择开关扳向 1MHz（或 10MHz），此时扫描基线上会呈现频标信号。调节频标幅度旋钮，可改变频标的幅度。

（12）将频率偏移旋钮旋至最大，荧光屏上呈现的频标数应满足 ±7. 5MHz。

（13）面板左侧的外接频标输入插孔，是用来外接频标信号的。测某种被测电路时，若认为 BT-3 型扫频仪的频标不大合适，可使用扫频仪外部的频标信号。此时，频标选择旋钮也要相应地接到“外接”挡。

7. 3. 2 BT-3 型扫频仪与被测设备的连接

（1）检波探头是扫频仪外部的一个部件，用于直接探测被测网络的输出电压。它与示波器的衰减探头外形相似，但内部结构及作用不同。检波探头内有一个检波二极管，起包络检波的作用。

检波探头匹配电阻为75Ω，起包络检波作用

（2）对于不含检波器的被测设备，在扫频仪与被测设备的连接中应插入检波探头，如图 7-5 所示。用特性阻抗为 75Ω 的开路电缆将扫频仪的扫频输出与被测设备的输入端相连接，再用检波探头将被测设备与扫频仪的 Y 轴输入连接起来，形成一个闭合回路，就可进行扫频观测。

（3）对于带有检波器的被测设备或电路，则图 7-5 所示闭合回路中无须接入检波探头，可直接用匹配电缆（75Ω）将被测设备（电路）的输出与扫频仪的 Y 轴输入相连。

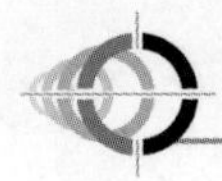

检波探头为外带部件，若被测电路无检波器，应按图接好

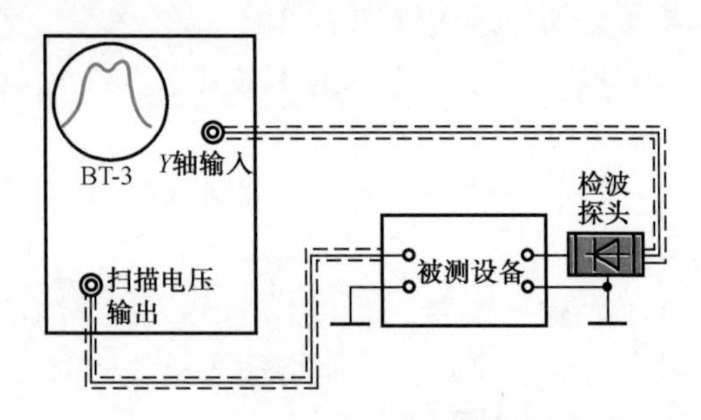

图 7-5　扫频仪与被测设备的连接

7.3.3　无源网络幅频特性的测量

被测无源网络是三节集中参数 LC 滤波器，中心频率为 30MHz。该滤波器与 BT-3 型扫频仪的连接如图 7-6 所示。

（1）BT-3 扫频仪电性能的检查。对于 BT-3 进行主要电性能检查，确认工作正常后，开始进行测量。

用 BT-3 型扫频仪测无源网络

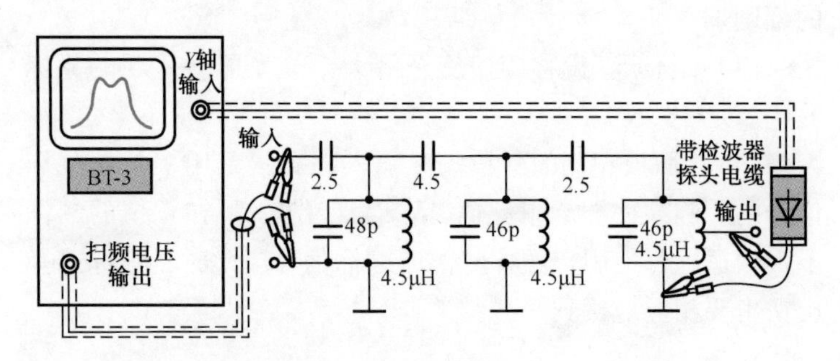

图 7-6　集中参数滤波器幅频特性测量连接图

测量步序宜依次进行

（2）开机预热，调节扫频仪相关旋钮。预热约 1min 后，调节辉度、聚焦，使图像清晰、基线与扫描线重合，频标显示正常。根据待测滤波器的网络特性，波段选择开关置于Ⅰ位，中心频率调在 30MHz。

（3）接线。滤波器输入端用带有接线夹的同轴电缆（阻抗 75Ω）连接扫频仪的扫频电压输出端，滤波器的输出通过带检波器探头的电缆（75Ω）连接扫频仪的 *Y* 轴输入端。

（4）将扫频仪衰减置于 0dB。调节相关旋钮，使图形曲线置于适中位置，以便于观测（一旦调定后，*Y* 增益、移位便不可再动）。此时曲线的最高线为 0dB 线。

（5）频标选择开关置于 1MHz（或 10MHz），调节中心频率旋钮，使之有频标显示，检查频标的数量，以确定能否

满足测试要求。

（6）用频标确定滤波器的通带。调节三节滤波器的元件参数，使网络的频率特性曲线如图7-7所示。由于包络图形Y轴最大幅度为0dB，用扫频仪细衰减器衰减3dB（≈70%）时，0dB线位移处即为－3dB线，其水平方向所包括的频带范围f_2-f_1，即为被测滤波网络的幅频特性曲线的频带宽度B（$B=f_2-f_1$），其中心频率f_0和频带宽度B由频标直接读出。

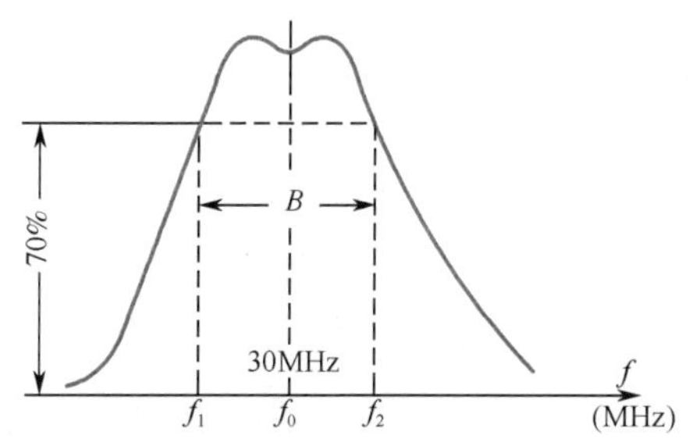

图7-7　滤波器的频率特性曲线

7.3.4　两级单调谐中频放大器幅频特性的测量

被测电路为两级单调谐中频放大器，如图7-8所示。

用BT-3型扫频仪测中放的幅频特性，应按序测量

（1）校验BT-3型扫频仪。有关检查、校验可参看前面内容。

（2）将中放电路与BT-3型扫频仪按图7-8连接。因中放末端有二极管检波器，故BT-3型扫频仪的Y轴输入电缆不必外接检波探头，而将接线夹直接接至检波二极管两端。

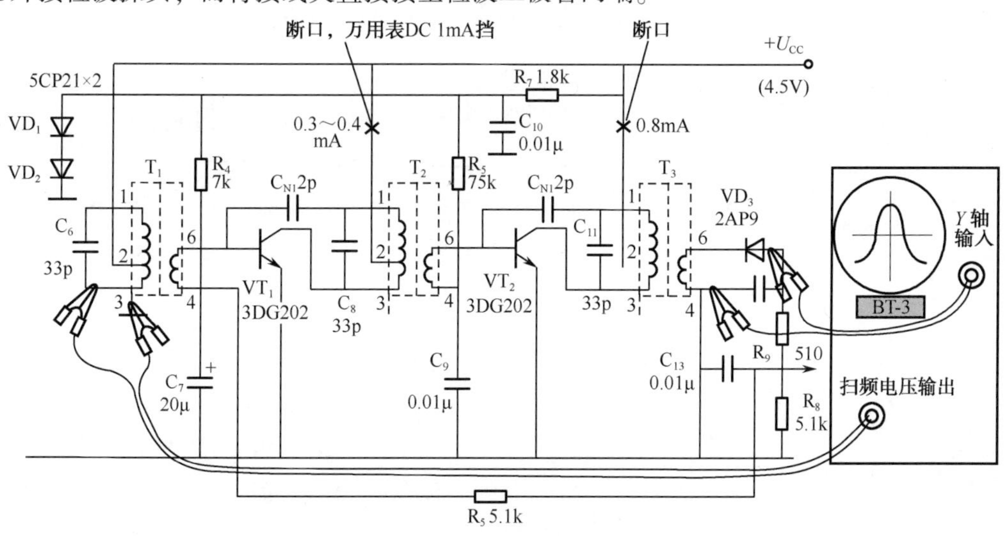

图7-8　两级单调谐中频放大器电路

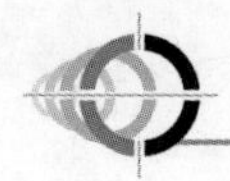

（3）将BT-3型扫频仪的衰减置于0dB，其他调节，例如，测量滤波网络的基本调节，使幅频特性曲线位于荧光屏有效面积之内，以便于观察和测量。

被测中放自带检波器，无须外接检波探头

（4）将Y轴衰减旋钮置于1位置，输出衰减根据幅频特性曲线的大小而定。

（5）把频标选择开关置于1MHz位置，调出中频放大器的中心频率$f_0=3.5$MHz及频带。由于中心频率为3.5MHz，故要求荧光屏上扫频线所对应的频率自左至右选为0～7MHz。让扫频线对应这一频率范围的方法：先找到零频标，再转动扫频仪的中心频率度盘（逆时针转动），调节频率偏移旋钮，让3.5MHz落在扫描线坐标原点处，并让零频标落在左端，7MHz频标落在右边，使幅频特性曲线落在荧光屏的有效范围内。

（6）调节频标幅度旋钮，使频标宜读。观测幅频特性曲线上的频标数，便可测出该中放的频率特性。

7.3.5 两级单调谐中放的增益测试

测中放增益

中放增益的测试按图7-9连接，被测中放即图7-8所示的两级单调谐中频放大器。检波探头的芯线接中周T_3次级线圈的6脚，探头的隔离地线与线圈的4脚相接。然后将检波探头电缆插入BT-3型扫频仪的Y轴输入插孔，将75Ω扫频电压输出电缆插头插入扫频输出插孔。

被测的两级中放无检波器，则应外接检波探头

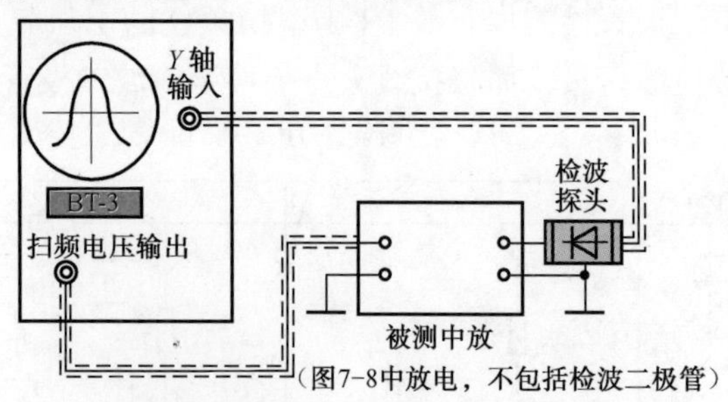

图7-9　BT-3型扫频仪与被测中放的连接

（1）将扫频电压输出电缆与检波探头直接相连，让扫频仪荧光屏上出现矩形扫描线，即对扫频仪进行零分贝校正。

按步序测量

（2）调整扫频仪的粗、细输出衰减为0dB，Y轴衰减置1的位置，调节Y轴增益使扫频仪屏幕上出现高度为5大格的矩形扫频线。

（3）将被测设备加入测试电路，即把扫频输出电压加入被测设备的输入端，用检波探头将被测设备的输出端与扫频仪的输入端连接，此时屏幕上出现被测设备的幅频特性曲线。

（4）保持 Y 轴衰减和 Y 轴增益不变的情况下，调节扫频仪的输出衰减，使幅频特性曲线为5大格，此时输出衰减的分贝数就是被测设备的增益。

（5）记下输出衰减的分贝数，粗挡为50dB，细挡为6dB，总的输出衰减为 $50+6=56$dB，换算成电压倍数为631倍。换句话说，两级单调谐中放的增益 $G=56$dB（631倍）。

同步自测练习题

1. 扫频仪是一种用于什么方面的测量仪器？它主要由哪几部分组成？扼要说明各部分的功能。

2. 扫频仪与通用示波器在电路结构和显示屏幕上的主要区别是什么？

3. BT-3型扫频仪在使用前需要做哪些准备工作？

4. 使用扫频仪时，如何识别零频率标记？如何进行频标检查？

5. 如何对扫频仪进行扫频信号和扫频宽度检查？

6. 如何检查输出扫频信号的寄生调幅系数？

7. 在用扫频仪检测待测电路（或设备）时，什么情况下要用检波探头？什么情况下不用检波探头？

8. 在用扫频仪对被测的放大电路（或设备）进行增益测量之前，应先对扫频仪进行零分贝（0dB）校正，你知道如何校正吗？

9. 一台BT-3型扫频仪经过零分贝校正后，其矩形扫描线为4大格。测试增益时，调节两“输出衰减”旋钮，使显示屏上显示的幅频特性曲线高度恰为4大格。此时，查看“输出衰减”旋钮的指示值分别为：粗调为40dB，细调为6dB。问被测电路的增益为多少？

同步自测练习题参考答案

1. 答 扫频仪是频率特性测试仪的简称。顾名思义，它是一种能直接观测电路（或网络）幅频特性曲线的测量仪器，还可测量电路（或网络）的增益、带宽、品质因数等。有关组成及说明，请参看7.2.1节相关内容。

2. 答 扫频仪的出世比示波器要晚近10年。有人说扫频仪是由扫频信号发生器和示波器相结合的测量仪器，它由扫描信号源、扫频信号源、频标电路和示波器等部分组成。由于功能不同，在电路结构上和显示物像上是有差别的，与示波器的主要区别在于扫频仪屏幕的横坐标为频率轴，纵坐标为电平值，而且在显示图形上叠加有频率标记。

3. BT-3 型扫频仪使用前的准备工作，请参看 7.3 节的相关内容，不赘述。

4. 答 为清楚起见，对零频率标记（简称零频标）的识别、确定与频标检查分两方面说明。

（1）零频标的识别、确定（这里以 BT-3 型扫频仪为例说明，其他型号扫频仪大体类同）。将扫频仪的“波段”开关置于“Ⅰ”位置，“频标选择”开关置于 1MHz，“频标幅度”调到适中，调节“中心频率”旋钮，扫描线上的频标向右移动，当顺时针旋到底时屏幕上则出现零频标。零频标的特征：它的左侧有一个幅度较小的频标为识别标志，其形状犹如一个菱形，菱形的上顶部凹陷，如图 7-10 所示。下部的菱形频标为上面扫频线最左端频标识别标志的放大形状。菱形标志右侧第一个即为 0 频标。0 频标右侧第一个为 2MHz 频标。在确定了零频标后，向右依次是 2MHz、3MHz……频标，满 10 则出现一个 10MHz 的大频标。

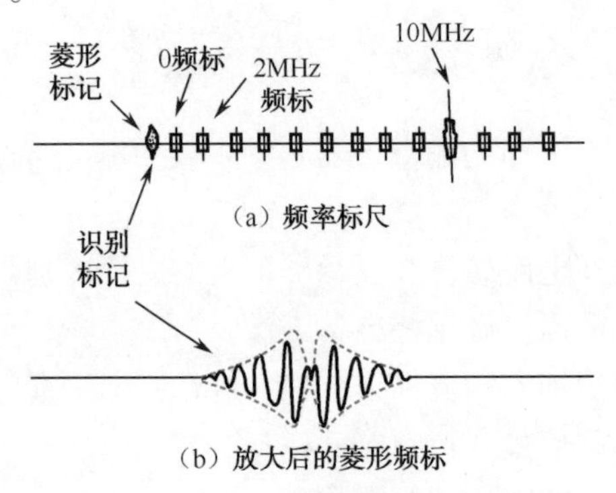

图 7-10　菱形标志与零频标的识别

如果将“频标选择”开关置于“外接”位，则其他频标消失，唯有此特殊标志仍在，即可确定它为零频标志，也称起始频标。

（2）扫频仪三个波段的频标检查。

① Ⅰ波段频标检查。把“波段”开关置于“Ⅰ”位置，“频标选择”在“10MHz”处，“中心频率”度盘转至起始位置，找到零频标后，缓慢旋动“中心频率”度盘，此时显示屏上通过中心线的“10MHz”大频标数应不少于 7 个（Ⅰ波段的覆盖频率为 1～75MHz）。

② Ⅱ波段频标检查。将“波段”开关置于“Ⅱ”位置，“频标选择”开关放在“10MHz”处，重复上面①的调整过程，则通过中心线的“10MHz”大频标应该有 8 个（Ⅱ波段的频率范围为 75～150MHz）。

③ Ⅲ波段频标检查。将“波段”开关置于“Ⅲ”位置，“频标选择”开关置于“10MHz”处，重复上面①的过程，则通过中心线的大频标应有 150MHz、160MHz……290MHz、300MHz（Ⅲ波段频率范围：150～300MHz）。

5. 答 将扫频仪“波段”开关置于“Ⅰ”位，“频标选择”开关置于“1MHz”挡，“*Y* 轴衰减”开关置于“1”（0dB）位。将“扫频电压输出”端与“*Y* 轴输入”端用输出匹配探极和检波探极相短接，适当调整“*Y* 轴增益”旋钮，则在显示屏上会出现如图 7-11 所示的矩形扫频图形。

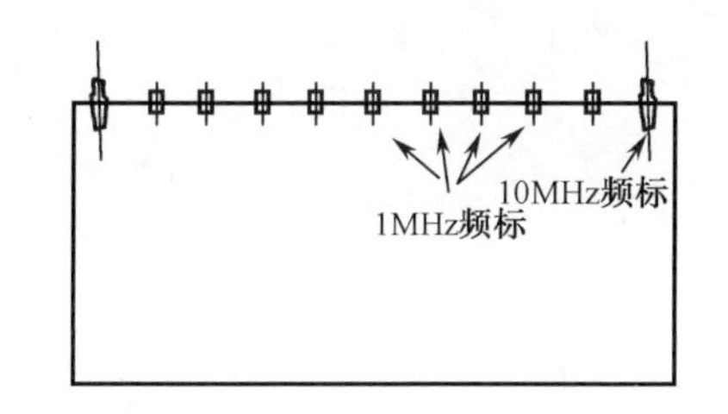

图 7-11　扫频信号和扫描宽度的检查

转动“中心频率”度盘，则显示屏上的扫频线和频标都相应地跟着移动，且扫频线不产生较大的起伏。其他的Ⅱ、Ⅲ波段都可通过上述调整方法进行检查。

6. 答 检查输出扫频信号的寄生调幅系数：将“波段”开关置于“Ⅰ”挡，“频标选择”开关置于1MHz。然后将“扫频电压输出”端与“Y轴输入”端用输出探极和检波探极连接好，再把“输出衰减”开关置于某一挡，调节“频标幅度”和“频率偏移”，使之产生相应的频率偏移，记下此时的A、B值，如图7-12所示。则寄生调幅系数为 $m=\frac{A-B}{A+B}\times 100\%$。

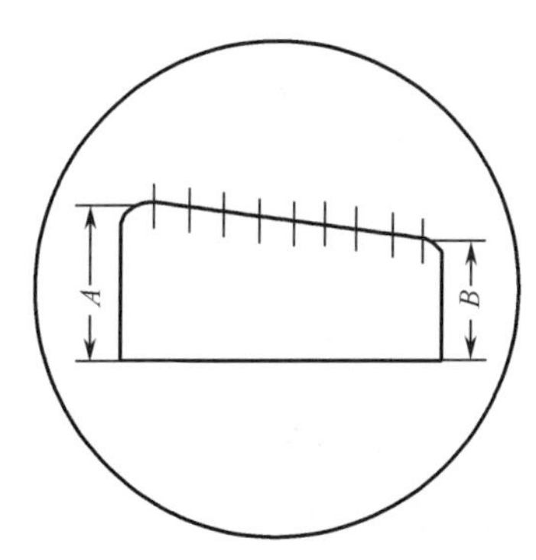

图 7-12　寄生调幅系数的检查

BT-3型扫频仪的扫频信号的寄生调幅系数在最大频偏内应小于±7.5%。在扫频仪的幅频特性测试中，必须保证扫频信号的幅度恒定不变。寄生调幅的大小反映了扫频信号的振幅的平稳程度，寄生调幅越小，表示振幅的平稳性越高。

7. 答 检波探头是扫频仪外部的一个部件，它与示波器的衰减探头的外形相似，但该探头内装有一个检波二极管，起包络检波的作用。

对于不含检波器的被测电路（或设备），在扫频仪与被测电路的连接中应插入检波探头，如7.3.3节中的图7-6所示；对于带有检波器的被测电路（或设备），如7.3.4节中对两级单调谐中放电路（图7-8）的输出级，已装有包络检波的二极管2AP9（VD_3），则Y轴输入电缆就无须再外接检波探头了。

8. 答 先将扫频仪的“输出衰减”（dB）旋钮置于“0”dB处，“Y轴衰减”开关置于“1”，再把输出匹配探极与输入检波探头连接在一起。然后调节“Y轴增益”旋钮，使显示屏上的扫描基线与扫频信号线之间的距离为整刻度，即显示屏上出现的矩形扫描线如图7-13所示。图示的矩形扫描框图则表明对扫频仪已进行了零分贝校正。校正后，请记下此时的“Y轴增益”旋钮的位置，在随后的增益测试时就不能动了！否则，测出的增益值就不准确了。

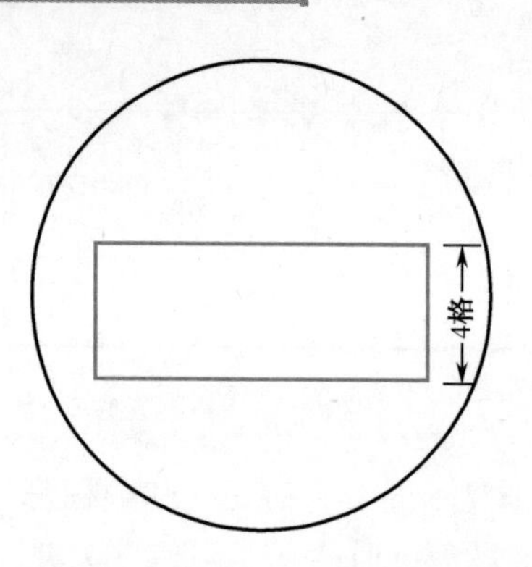

图 7-13　零分贝校正矩形扫描线

9.【解题提示】请读者参看 7.3.5 节有关中放增益的测试过程和测试步骤。掌握了测试方法，方能举一反三，融会贯通。

解 被测电路增益 $G = 40 + 6 = 46\text{dB}$。

参考文献

[1] 张乃国．电子测量技术．北京：人民邮电出版社，1985.
[2] 陈永甫．用万用表检测电子元器件．北京：电子工业出版社，2008.
[3] 陈永甫．电工电子技术入门．北京：人民邮电出版社，2005.
[4] 陈永甫．常用电子元件及其应用．北京：人民邮电出版社，2005.
[5] 陈永甫．常用半导体器件及模拟电路．北京：人民邮电出版社，2006.
[6] 陈永甫．数字电路基础及快速识图．北京：人民邮电出版社，2007.
[7] 陈永甫．实用无线电遥控电路．北京：人民邮电出版社，2007.
[8] 陈永甫．电子工程师技术手册．北京：科学出版社，2011.
[9] 陈永甫．电子技师技术手册．北京：科学出版社，2013.

反侵权盗版声明

电子工业出版社依法对本作品享有专有出版权。任何未经权利人书面许可，复制、销售或通过信息网络传播本作品的行为，歪曲、篡改、剽窃本作品的行为，均违反《中华人民共和国著作权法》，其行为人应承担相应的民事责任和行政责任，构成犯罪的，将被依法追究刑事责任。

为了维护市场秩序，保护权利人的合法权益，我社将依法查处和打击侵权盗版的单位和个人。欢迎社会各界人士积极举报侵权盗版行为，本社将奖励举报有功人员，并保证举报人的信息不被泄露。

举报电话：（010）88254396；（010）88258888
传　　真：（010）88254397
E-mail：　dbqq@phei.com.cn
通信地址：北京市万寿路173信箱
　　　　　电子工业出版社总编办公室
邮　　编：100036